# 目 录

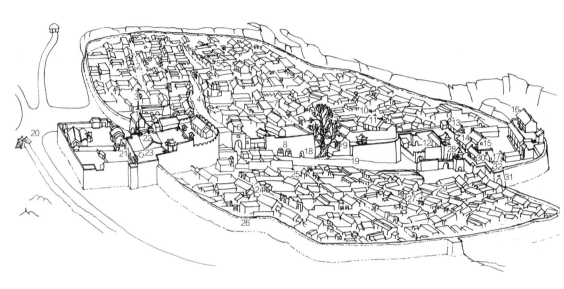

| | | | |
|---|---|---|---|
| 1 西方圣境殿 | 9 兴隆寺山门 | 17 二郎庙山门 | 25 大东巷 |
| 2 西场巷 | 10 户家巷 | 18 厕窑 | 26 壁墙 |
| 3 旗杆 | 11 兴隆寺正殿 | 19 龙街 | 27 小东巷 |
| 4 贾家巷 | 12 僧窑 | 20 藏风桥 | 28 青霭门 |
| 5 张礼维大宅 | 13 三大士殿 | 21 僧窑 | 29 薪家巷 |
| 6 永春楼 | 14 真武庙 | 22 戏台 | 30 空王殿 |
| 7 王家巷 | 15 戏台 | 23 奎星阁遗址 | 31 "德星聚"门 |
| 8 更窑 | 16 二郎庙正殿 | 24 大东巷 | 32 吕祖阁 |

张壁村鸟瞰图

# 我们选择了张壁村

　　山西省介休县张壁村的调查研究，工作并不复杂，却有点儿曲折，拖了几年。

　　1992年夏天，研究生邹颖和舒楠到山西考察乡土建筑，回来说，介休县龙凤乡有一个村子叫张壁，小小的，仿佛一座古堡，有堡墙，有瓮城、城门，还有几大组庙宇。村里有鱼骨形的街巷，巷口守着碉楼。住宅不算很精，但很整齐。四十多年来，整个村子几乎没有什么变动，保持着旧貌。[①]这信息引起了我们浓厚的兴趣。很早以前，我们就知道山西省富有古迹，不过所知的主要是梵寺佛塔之类大型的宗教建筑。近年来，晋中盆地上一座座昔日晋商的豪华大宅被陆续发现，因为它们贴近生活，文化内涵容易理解，所以声名很快便超过了那些宗教建筑，满世界都听说晋中的"大院"。但是当时还很少有人听说过张壁村这样的古堡式村落。我们很想到张壁村去工作，但是，一来南方还有几件工作要做，二来担心村里家谱、碑记等史料不全，更加上怕受到山西省一些人的阻挠，迟迟下不了决心。

　　1995年1月5日，《人民日报》报道，张壁村"地底下最近发现了保存完好的上、中、下三层立体古代军事地道网，目前已挖掘开通三千一百余米，断续可通的达三千余米，在全国实属罕见"。这消息一

———————
① 1982年，张壁村被定为省级文物保护单位。

下子重新唤起了我们对张壁村的兴趣。恰巧，这时候赖德霖博士来到了我们的教研室，于是，我们请他在教学之余做一做张壁村的工作。他于当年5月去了村里，做了些初步调查后，到美国去了一年，把工作放下了。次年，回国之后又继续工作，到村里去了两次。1997年他再度到美国去深造，留下了一批照片和一份打印的文稿，工作又停顿了下来。

这年秋天，朋友告诉我们，山西省阳城县有几座古堡式村落，保存得很完整。赶去看了一趟，砥洎城、黄城和郭峪城，这三座以城为名的村子都不大，却由十几米高、几米厚、顶上砌着雉堞的砖墙严密包围着，村里除了精致的大小宅院之外，还有各种庙宇、文昌阁、花园之类的建筑物。黄城甚至还有康熙御题碑和石牌坊。最壮观的是郭峪城和黄城中央的敌楼，六七层，有三十多米高，巍巍然十分壮观。这些村落又是一种乡土建筑类型，大不同于寺庙和"大院"，文物价值却绝不下于寺庙和"大院"，可惜它们现在还是默默无闻。或许是因为山西省的古建筑太多了吧，眼下好像还顾不上研究它们，宣传它们，更谈不上认真保护它们了。砥洎城城门口一块省级文物保护单位的石碑，竟倒卧在地上，沾满了污秽。村子里明清两代的老房子没有人修，新房子到处乱建，把关帝庙的大门都几乎堵死了。文昌阁废址上有一块明末崇祯八年的石碑，刻着一幅"山城一览图"，是砥洎城的平面图，不但街巷里坊和各种公共建筑、宗教建筑刻得清清楚楚，位置准确，而且详细刻着每个里坊的面积。这样的碑现在在全国农村大约还没有发现第二块。可惜文昌阁塌毁后，它上面没有遮盖，下端又埋没在菜畦里，时时遭受着侵蚀。这些情况很叫我们伤感。

我们因此想起了张壁村，于是，1998年深秋，我们带着"正规军大部队"八位学生，开进了张壁村，决心把工作从头做起。

# 到张壁村去

　　1998年11月4日，我们一大早从北京乘长途公共汽车出发，六个多小时后到达太原。立即换乘一辆中型汽车，沿汾河左岸南下，经过太谷、祁县、平遥这几个以晋商"大院"闻名的城市，来到介休。这大体是从北京到西安去的古道，一路上有许多故事，讲的大都是庚子年清廷仓惶出奔，受到开票号的大商人的资助和平常小老百姓箪食壶浆的呵护。这是一个富庶的地方，公路两侧的田地平平展展，一眼望不到边。在纯农业时代，山西有个民谣，唱的是：

　　　　欢欢喜喜汾河湾，哭哭啼啼吕梁山，
　　　　凑凑付付晋东南，死也不出雁门关。

　　汾河湾就是这晋中盆地。人们传说，晋中盆地在远古时候是个大湖，叫晋阳湖。湖水浩渺，却没有土地。大禹治水的时候，劈开了南端的灵石口①，把水放了出去，湖底就变成了肥沃的田野，世世代代的居民们从此欢欢喜喜。

　　立冬过了，秋庄稼已经收拾干净，农地里空空荡荡，反衬着公路上的忙忙碌碌。来往的车辆，大多是运煤的。煤是山西的主要矿产资源，

---

① 灵石口又名雀鼠谷。

公路边一座挨一座的工厂，都和煤有关，不是发电厂就是炼焦厂，一支支烟囱把天空喷得乌七八糟，工厂附近，树木房舍朦朦胧胧，浓浓的硫磺味呛得我们憋气。一些过去"哭哭啼啼""凑凑付付"甚至"死也不去"的地区，指望着靠煤矿摆脱贫困，也过上"欢欢喜喜"的好日子，他们做的第一件事却是运出煤来，把本来欢欢喜喜的地方熏黑。

盆地到了头，远远看到山影子了，我们就到了介休。车子驶进一条岔路，溯龙凤河左岸上行。龙凤河是汾河的支流，只有56公里长，发源于绵山东侧，向西北流来。龙凤河流域是黄土沟壑地区，地形破碎，公路两边零乱起来。车子渐渐走出了烟雾，前面层层叠叠的山岭清晰起来，那是太行山。一个塔尖从小山包后冒出来，绕过山包，便来到塔下。龙凤河在这里遇到突出的岩角，转折了一下，塔就立在这岩角上。这里原有一个小小的石鼻庵，塔是庵堂的，叫凌空塔，乡民们叫它姑姑塔，因为传说在尼姑庵里修行的是唐王朝的一位皇太姑。但《介休县志》说它造于雍正十年（1732），乾隆四十三年（1778）维修。它高9级，38米，是龙凤村的地标。

过了塔不远，到了龙凤村。龙凤村是乡政府所在地，张壁村属于龙凤乡。在乡政府门前问了问路，车子在中学校的球场前拐弯，上了机耕道，跌跌撞撞，扬起一天灰土。正逢中学散学，我们截了三个回张壁村去的女孩子上车，请她们带路。路在黄土丘陵和沟壑之间盘过来又绕过去，越走越高，女孩子指着前方的高山说，那就是绵山。

绵山，喔嗬！那可是一座大大有名的山。春秋时期，晋国公子重耳为避祸去国，周游列国19年，困窘的时候，随从侍臣介子推曾经割身上的肉煮给他吃。公元前636年重耳回国即位为晋文公，当年的随从大都被重用，大约是介子推并没有多少真本事，没有得到一官半职，于是发牢骚回家奉母隐居绵山。晋文公觉得有损自己的名声，派人召他，他不从，文公设计放火烧山，企图逼他出来。不料母子二人脾性偏得古怪，也可能是烟火迷了眼睛，竟抱住一棵老树活活烧死。由于历代统治者提倡"割肉啖君"式的愚忠，知识分子又标榜"不可再辱"的风骨，所以介子推就成了一种伦理价值的典范，受人尊崇。他遇难的日子，清明节前三天，被定为寒食节，家家不得举火。

这座绵山距介休县城20公里，张壁村离绵山还有5公里，在绵山北麓的黄土台地上。据清代嘉庆《介休县志》，介休的得名是"因晋文公绵上旌介子"。不过这个论断有点儿疑问。介休是一个古县，春秋时称邬县，韩、魏、赵三家分晋之后属魏国，秦代置县，称为界休，两汉依旧，到晋代才改为介休。所以介休是不是因介子推而得名，还很难说。而且晋南又另有几处绵山，都争传当年晋文公放火故事，历来没有定论。

我们随小女孩的手指往山上看，当然没有看到焦木枯树。只见眼前一带土冈，稀稀落落长着几棵杨树、槐树，不料车子向右一偏猛然停下，土冈后面露出一段青砖城墙，我们已经到了城门口。抬头看看，券门洞上的石匾刻着"德星聚"三个字，这便是张壁村北门外瓮城的东门了。城头上有一座庙，脊兽顶着滚圆的夕阳，火红，正冉冉下沉。

进了瓮城东门，右手便是二郎庙大院子，村民委员会设在庙里。吃过饭，天早已全黑，我们被分开到几处住宿，有的住在农家，有的住在北门内三孔旧窑洞里，那是过去给守卫北门的更夫们住的，叫更窑。也有住在三大士殿的偏屋里的。虽然介休纬度比北京低不少，但地势高，张壁村的海拔超过一千米，所以天气很冷。我们住的房子都有火炕。从第一个晚上起，我们就跟火炕斗争起来，有时候，热得不得了，烧煳了炕席，有时候冰冷，冻得缩成一团，睡不成觉。也有时候火口冒出浓烟，熏得眼泪流淌满面。跟火炕斗争，我们是败绩累累，后来成了我们对张壁村有趣的回忆之一。

画图和吃饭在二郎庙大殿里。几位大婶大嫂给我们蒸馍、煮饭。我们要吃土豆、白薯和玉茭窝头，大婶们咯咯笑，说那都是喂猪的东西。年轻一点儿的大嫂甚至不会做窝头、贴饼子。睡觉前我们要热水擦擦洗洗，她们也觉得稀奇，常常收拾完晚餐的碗筷就锁上厨房回家去了，幸亏小学校里有一个开水锅炉，到晚上还会剩下点儿温水。

# 这样一个张壁村

第二天，我们才真正见到了张壁村，大致认识了它。

吃过早饭，郑广根先生来到了二郎庙。郑先生是我们在张壁村工作的顾问。他喜欢研究故乡历史，近来写了一本小册子待印。赖德霖博士在张壁村工作的时候，向他请教很多，听说我们来了，便很热心地来帮忙。

郑先生带我们村里村外绕了个遍。[①]

## 范围

村子不大，南面、东面和东北面围着厚厚的夯土城墙。城墙高6至7米，底厚3米，顶厚一米多，因为有变化差异，这些都是大约的数字。西面紧靠在几十米深的叫作窑湾沟的黄土沟壑边上，我们从沟南端小心翼翼下到沟底，阴气森森，有一股小小的滴滴答答泉水。黄土地带，最缺的是长流水，所以这泉水就得了大大的名号，叫"龙涎水洞"。

抬头向上望去，两边悬崖削壁，山羊都难攀登。以险代防，村子西边便没有造城墙，只沿沟边夯了一道土墙，肩膀那么高，跟农家院差不多。这一圈大墙小墙，外廓近似扁长方形，村民说像个老倭瓜，南北244米，东西374米。周圈总长大约一千三百米。北面凸出一块，是二郎

① 1997年统计，有283户，1028人。

庙，城墙延伸过去包住了它的东面和东北角，西面的窑湾沟向东伸出一条小支汊，护住了它的西北角。这一圈，相当于北门外的瓮城。村子只有南北两个城门，北门青砖，南门砌红砂石墙面。

## 街巷

一条大约五米宽的大街，笔直从北门到南门，把全村劈成两半，西半边比东半边大一点。顺着绵山下来的地势，南门比北门高出13米左右（北门海拔1011.7米，南门海拔1025米），大街坡度很陡，尤其在南半段。大街东侧有四条东西向的巷子，从北到南，分别叫小靳巷、小东巷和大东巷。大东巷其实有两条巷子，不过在大街上只有一个巷口。大街西侧也有四条东西向的巷子，从北而南，分别叫户家园、王家巷、贾家巷和西场巷。东侧的四条之间有很曲折的小巷子连接，西侧的四条之间没有小巷子，只有几处可经过废房基和院子勉强走通。

东侧的巷子，东高西低，坡度很大，西侧的巷子，西高东低，比较平缓。每逢下雨，地表水都流向大街，顺街流出北门，再向东流出瓮城东门，顺势向东北、东南而去，最后冲进大沟。北门里，街的左右以前各有一个储水池，土话叫涝池，东边的紧靠北城墙，西边因为有个兴隆寺，涝池偏南一些，在寺门照壁前。当地年降雨量小，集中在夏秋两季，雨季存下两池水，可以供刷洗农具、饮牲口等等之用，到旱季也不致为难。暴雨时分，大街上水深流急，左右翻滚，每个巷口都激起浪花，哗哗啦啦。这种异常生动的景象，启发村民们把大街叫作龙街，铺街的石块是龙鳞，那两个涝池就是龙眼。1993年，全村装了自来水，涝池没用了，便被填平了，因为渍水久了有秽气。

龙街上，旧时有五六家店铺，多在东侧，西侧只有一家。20世纪中叶，社会大变动后，商店被取消，街东的店面分给住户，用砖封上了，只在靳家巷口上开设了一家供销合作社。近年商业稍有恢复，路西贾家巷口以北的一家老店新开，北门里街东涝池边上原来的一间天地堂改成了小店，旁边还新造了一家，门前放一张台球桌。除了店铺，街西小店以北还有两孔砖脸土窑，本来是更夫住的，现在放着磨粉机，由私人经营。它们的北邻是个厕窑。龙街两侧，此外再也没有门户。点缀街景的，北有街西的兴隆寺，南有街东的可罕庙，还有贾家巷的两层门楼，叫永春楼。西场巷的巷门向东退进大约五十米，户家园口有兴隆寺后的一个过街门。龙街不长，两端城门之上都有庙宇，再加上这几处建筑，景观很丰富。现在兴隆寺拆掉了，造了小学，但庙门前的一棵古老的怪树还在。这本来是一棵槐树，老了，树干空裂，从心里长出一棵柳树来。这两棵树都很茂盛，村民叫它们"槐抱柳"。每天从早到晚，都有人聚在树荫下闲话家常，孩子们一放学就爬满一树。有人用铁卡子套住了野兔，便拿到树下来卖，串村修补鞋子的，也把摊子摆在这里。这里是个习惯性的休闲交流中心。

## 住宅

住宅都在巷子里，南北两侧的住宅都坐北面南。住宅以四合院为主，两厢靠中央挤，院子狭长，是山西省的典型式样。大户人家的住宅，院落并不扩大，多由几个院落并列，它们之间可以相通，而只设一个大门，因此立面有长长的实墙。厢房和倒座是单坡的，屋顶向院内倾斜，外墙高及屋脊，常常达到六七米。住宅外观墙长而高，很封闭。大宅子又有专作农事的场院和车马院，也是墙垣高而长，不过有很宽大的拱门。小型住宅有三合院的，在前面造一堵影壁。我们在南方各省工作，村落里不大看见和农业生产劳作有直接关系的住宅。张壁村有很典型的农家住宅，前院宽敞，种几棵梨树、枣树，墙根堆木料、秫秸、玉菱核，碎砖乱石搭几处猪圈羊栏鸡舍和大牲口棚，地下挖着几米深的薯窖和菜窖。这些农家院落墙头不高，巷子里可以见到院里的树木，景观便多一点儿生气。大体上说，大型住宅多在龙街以西，龙街以东多农家院落，只有大东巷东南端有几家大宅，如24号。虽然贾家巷的西端靠近

西北部住宅

大沟边缘和西场巷西南角，也有不少贫困的院落，整体说来，西半村显然比东半村富裕。西半村的四条巷子，三条有巷门。西场巷巷门门洞里侧壁上有一块小石碑，是道光八年贾田荣等立的，碑文说："夫设险者，守国之要图，相保者，仁里之美俗。而闾中整洁，地利攸关，古人安居乐业，良有以也。我西场巷旧有街门，创于乾隆十八年，历年已久，倾圮殊甚，不有捐输，何资补葺？工即兴于七年小阳月，农事既毕，人皆赴功，春阳回暖，工速告竣。"巷门是为保安而建的，居住地区的贫富分野在乾隆年间已经有了。

西半村的地形比东半村复杂，有几处小黄土台地和断坎，它们造

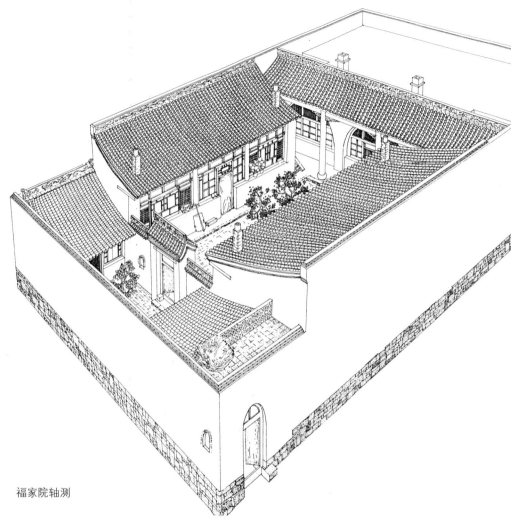

福家院轴测

成了巷子里景观的很大变化。郑先生一再说，张壁村本来是个大的黄土
台地，街巷是在台地中纵横切割出来的道沟。道沟两侧挖着沟崖窑。经
过一代又一代村民的改造，沟崖窑被平掉，造了平房，一块块被街巷切
割而成的小台地渐渐消失或者缩小。西场巷、靳家巷和小东巷里至今还
保存着几户沟崖窑。曾经给赖德霖博士很多帮助的张学陶先生就住在贾
家巷尽头的两孔窑洞里。西半村小台地和断坎比较多的原因，大概是村
子的地形本来西高东低，西边几条巷子又要走大户人家的车马，修得比
较平坦，因此切割得深，小台地更显得高，而且清代上半叶，在上面已
经造了几所大宅，所以小台地就保存下来。东半村没有大户人家，巷子
不走车马，窄而陡，向东很快上了坡，坡上都是些小房子，所以台地不
显，而且陆陆续续就挖平了。西半村的巷子里，青砖高墙的脚下间隔地

立着几十厘米高的人石块，为的是防马车碰撞墙脚，而东半村的巷子里却没有。

## 杂姓村

主要由于民族间的边境战争频繁，中国北方少有单姓的血缘村落，张壁村有几十个姓。南门外关帝庙里有一块康熙五十年（1711）的《关帝庙重建碑》，碑阴刻捐助人451名，竟有50个姓氏。关帝庙里还有一块《增修墙垣墁院碑》，是康熙五十九年（1720）立的，碑阴所刻338名捐助人有41姓。张壁村各姓人的宗族组织很弱，宗族观念十分淡薄，从全村现存的18块碑看，整个有清一代，张壁村的各种事务都由村长、乡约、保正、纠首等主办，而且各姓的人都有。我们也看不出各姓人有相对集中居住的现象。至迟从清代初年起，张、贾、靳、王四姓是大姓，那块《关帝庙重建碑》的捐助人名单里，张姓有112人，贾姓有86人，《增修墙垣墁院碑》的捐助人里，有96个张姓人，70个贾姓人。但两姓的人现在都散住村中各处。道光年间贾姓首富贾田荣的大宅在西场巷，同时期而稍长的张姓首富张礼维的大宅却在贾家巷，而且贾家巷口的永春楼和巷子里的红石地面是张礼维等86个人捐款重修和铺砌的，姓什么的都有。这事记载在永春楼下门洞内南侧墙上所嵌的道光十二年（1832）的石碑上。

居住区以贫富分而不以宗族分，固然和张壁村是个杂姓村有关，更与村民发生贫富分化之后，人们之间社会经济关系的重要性超过了血缘纽带的重要性有关。

## 宗祠

宗族关系和宗族意识的薄弱还表现在宗祠建筑上。在南方各地，我们进村，一定要找一找大小宗祠，因为它们常常决定整个村落的选址、布局和结构，而且它们的建筑通常代表一个村落建筑技术和艺术的最高水平，一般超过庙宇。但是在张壁村，我们处处留心，没有找到宗祠。问郑先生，才知道村里一共只有两座宗祠，一座是张姓的，在小东巷西口，一座是贾姓的，在贾家巷东口，永春楼西。两座宗祠都坐北向南，形制和形式跟中型住宅一模一样，没有任何特殊的处理，连大门都没有标志。张姓祠堂的院门还比较精致，是个木构垂花门。正房被供销合作社占用，打开后墙，向靳家巷敞开门窗，反倒把对院子的原来的前檐用砖堵上了。贾氏宗祠是砖脸石库门，四合院，现在住了几户人家，保存情况还好。门道里还有一块碑，架起来当作石桌面，长期剁草料和磨刀，字迹已经很难辨认。这是一块《贾氏建立祠堂碑记》，还可以看出，贾氏祠堂是道光二十一年（1841）筹建，二十三年（1843）建成的。张氏宗祠里则什么关于宗族事务的痕迹都没有了。张氏和贾氏都有一份记录家族世系的"神纸"，那上面中央画着一幅宗祠图，有三开间带左右八字墙的门屋、四柱三楼的牌楼和一个三开间的明伦堂，显然是义塾。这个堂皇的形制和张壁村的两座宗祠大不一样，很可能是两家迁来之前的祖居地的宗祠，这种情况我们以前也见到过。

## 庙宇

　　张壁村建筑布局的最大特色是，北门和南门各有一个庙宇建筑群。北门的城头上有三座庙，正中是真武庙，它东侧是空王殿，西侧是三大士殿，都坐北面南。真武庙前原有钟鼓楼各一座，现在还存东侧的钟楼。三大士殿有左右偏殿各一间。北门外，建了一座二郎庙，正殿正对原来向北的城门洞。贴着那城门洞，又造了一个横向的拱，把门道改成了曲尺形的，门口向东开了。在这个横拱上造了二郎庙的戏台。围着二郎庙的城墙形成了瓮城，向东开门，城头上又有一座吕祖阁。

　　北门里面，紧接着三大士殿，土台上有一座兴隆寺，三进两院，是左近各村里最大的佛寺。20世纪中叶以来，一直由供销合作社占用，

1991年，因为造小学校而拆光了，只剩下一堵照壁。照壁前是龙街西侧的龙眼。龙眼于1993年被填平，为填平这龙眼和东侧的龙眼，有不少记事的石碑被丢进去了。

南门的庙宇建筑群包括三座庙宇。门洞城头上是西方圣境殿，坐南面北，位置约略相当于北门的真武庙。南门外，坐南面北，对着城门而稍稍偏东一点点，是关帝庙，庙门离城门不到十米。位置大致可比拟北门的二郎庙。关帝庙的东院里有观音庙和龙神庙。南门里，街的东侧，有一个土台，高度和城墙相同而且和南城墙连成一体，上面造了一座坐北面南的可罕庙，规模比较大，有正殿、钟鼓楼、偏殿和戏台。戏台后面，宽阔的城墙高台上，西边有一根十几米高的旗杆，东边有一座文昌阁，它们都在1940年代被日本侵略军拆除。近年重立了旗杆，文昌阁则只剩下地面的六角形痕迹了。从旗杆西边可以到西方圣境殿去。可罕庙的入口比较特别，一条20米左右长的坡道贴龙街东边由北向南上去，通向庙门，门在庙的右侧。大致可以说，这座庙的位置和北门的兴隆寺相仿。坡道的垂带石被孩子们当滑梯玩，成天都有孩子，排成一串，坐着躺着滑下来。胆子大一点儿的男孩子，头冲下滑，一副英雄好汉相。这里和兴隆寺前的"槐抱柳"一样，又是一个很活跃的中心，不过这里是孩子们的天下，"槐抱柳"是老人们的。

可罕庙，这显然是一个少数民族的名字。据说，整个介休县只有这一座可罕庙。这可罕是谁？他和张壁村有什么关系？为什么给他造庙？这是我们遇到的第一个谜。

## 地道

张壁村给我们留下的另一个谜是，它有一套很复杂的地道。在山西各地，有地道的村子不少，离张壁村不远的大靳村、内封村、龙凤村，稍远一点的仙台村，都有地道。连介休城里也有。郑广根先生说，唐代天宝年间，李光弼打安禄山的时候就挖过地道。但是像张壁村这样复杂而且规模巨大的地道却还不见有第二个。

赖德霖博士详细考察过地道，画过几张平面图和剖面图。他在留下的文稿里写道：

据村民们介绍，村中的每条巷子里都发现过地道的入口。地道还和全村的十一眼水井相通，井壁上有洞，既是地道的入口，又便于躲在地道里的人汲水维持生命，还是很好的通气孔。虽然现在地道的大部分已经淤塞，但在村子南部清理出来的已达一千多米。若把村民所述的洞口位置连接起来，地道的总长度足有近万米。已经清理出来的错综复杂，部分区段有上下两层，甚至三层。浅处离地表不足两米，深处则达20米。地道内宽处可并行二人，窄处仅通过一人。大部分区段高不足1.8米，个子稍高的人只能弯腰弓背前行。洞壁上，每隔几步便有用锄头挖出来的一个凹坑，可能是放置油灯的。在上层地道有两处较宽的土洞，沿壁挖有喂养牲畜用的饲料槽。还有几处土洞，村民们猜想它们是指挥部用的"将军窑"和收监俘虏的"俘虏洞"。它们附近还有三个可容一二个人躲藏的"猫耳洞"。前去考察的军事专家（为中央军事学院战略研究部和《孙子兵法》研究会的教授）称之为"伏击窑"。这条地道挖于何时？是整体一次挖成还是历代逐步拓展而成？它曾经起到过什么作用？前人没有留下一点文字资料，也没有口传。由于多次的地震和洪水造成的塌陷，地道的全貌已无法知晓。地道的清理工作是在1994年秋后进行的，从村西窑湾沟沟壁上显露出来的洞口进去。然而，由于村民缺少必要的考古知识，又没有文物工作者指导，地道的清理挖掘破坏了原始洞壁，许多可能尚存的历史信息也就随着淤土被倾倒在村外的旷野沟壑里，张壁村地道终于成了一个无法破解的谜。

现在为了旅游，在关帝庙大门东侧南城墙根的窑洞里新挖了一个地道入口，并且新挖了一支小岔，穿过可罕庙下土台，通到大东巷里水井边。这支岔道甚至还有马厩，当然都是假的了。我们见到过一个真正的老洞口，在西场巷的一座很考究的住宅里。它正房的东次间，靠后墙立着一个古老的大木柜子，黑漆，灿烂的黄铜饰件，七十多岁的女主人打开柜子门，招呼我们过去，上前一看，原来是个通向夹层的暗门。进了夹层，用手电筒一照，地上有个圆形石板，挪开石板，便是下地道的洞口了。这洞口隐蔽得真巧妙。

全村有11口水井，供居民日用，但至少有8口和地道连接。井筒侧壁上开着洞口，可以供躲在地道里的人汲水，还可以采光通风。有几口井的筒壁，左右有相对的两个洞口，搭一块板子可以过去，撤掉板子地道就断了。这大约是防追击用的。

## 外围

张壁村的外围还有两处和村子布局有关的地点。一处是南门外一百米左右，是一座拱桥，跨在一条十来米宽的溪上。溪从绵山来，到张壁村的西南正冲南门，经人工开凿导流，转而向东到村东南再向东北方向流去。这桥就架在从西向东的一段上。桥拱东面嵌石刻"藏风桥"，可见这桥是座风水桥，为"藏风聚气"而建，所以过河之后往南并没有路。西侧嵌石刻"启胜"。纪年为道光二十九年（1849）。南门门洞之上嵌着一块石匾，题"护村镇河"四个字，显然这条山溪在雨季会有山洪。关帝庙在南门外，很可能同时有"镇河"作用，这本是关帝庙的常规任务。

藏风桥以东二百米左右，一度建过奎星楼。桥的西北侧，南城墙跟前，河水潴而为一片沼泽。现在，沼泽没有了，奎星楼搬回可罕庙南城墙上之后又被拆掉了。

另一处在张壁村北350米。那是从北门到南庄去的土道边上，立着一堵照壁，建于道光六年（1826）（据《重建奎楼山门碑记》）。照壁位置略高一点，它的北面紧贴着一条大黄土沟壑的起点。这条深沟就叫照壁沟。照壁遮住了大沟，显然是了为改善风水。照壁的西侧是一个不大的黄土冈，长着七棵老槐树，得名槐树冈。<sup>①</sup>照壁和土冈在张壁村下游，有个名字叫"葫芦颈"，意思是"卡脖子的地方"，关锁封闭，大概是张壁村的水口。村北瓮城东门"德星聚"门洞内墙上嵌着一块不大的石碑，碑文是："昔年我村内因补风水，公地买到李如仁椿树一株，又买到贾科遇榆树一株，迄今在贾宝善堂墒内，又买到张立定大槐树一株。此三树木现今俱在卖主原地借长。北门外自香火地内外以及葫芦颈上至照壁前大道左右大小槐柳松树皆属阖村公树，不与临近地主相干，为此立石，永远为记。"下款是"公耆约保公志"。时间为咸丰八年（1858）三月。这些树看来便是水口林。依照风水术，村落选址要"坐实向虚"，张壁村因而坐南向北。这和它的庙宇、祠堂以及绝大部分住宅都坐北向南正好相反。

影壁、藏风桥、龙神庙、奎星楼、沼泽地合称张壁村的"五行"。

村子东墙外是一带黄土台地，从龙凤村来的大路到了台地东侧还见不到村子，正应了乡谚说的："家不离家是好家，村不露村是好村。"大路分南北两岔绕过台地，一岔到北门，一岔到南门，到了门前才见到村子。我们初来的黄昏，就是突然间到了北门的。这黄土台地北端，在北门之东100米左右，正对向北去南庄村的小路口，旧时有一块石碑，刻"孝子庐墓处"，或许就是"德星聚"门洞里那块碑上说的"香火地"。不过墓并不在这里，张家墓地在南庄村南，这里只供"庐墓"之用。现在碑没有了，却有了几处墓葬。台地南半有贾家墓地，偏东，西部已经成了新建区，几排大玻璃窗的青砖房，很漂亮。

---

① 村里张姓人传说，始迁祖是从洪洞县大槐树下迁来的。这七棵槐树可能是对洪洞大槐树的纪念。洪洞县大槐树下是明代永乐年间官办大规模移民实边时迁出人口的集中地之一。

# 又是商人的家园

我们以聚落为单元研究乡土建筑，一般情况下，总希望能弄清楚聚落的历史。要弄清聚落的历史，在南方的血缘村落，主要靠宗谱。宗谱里，除了世系表之外，有许多文章记载宗族的迁徙、大事、杰出的人物、环境风光、重要建筑等等。宗族的大事和重要人物往往就是村落的大事和重要人物。在北方，大多数聚落是杂姓的，宗族关系比较弱，许多宗谱仅仅是一幅记载着世系表的布或纸，叫作"神纸"，村落大事都刻在石碑上。北方普通村落往往会有几十块甚至上百块大大小小的石碑，记事很详尽，它们是村落史料的主要资源。

张壁村村民有几十个姓，大姓是张、贾、王、靳，只有张姓和贾姓有宗谱，张、贾是张壁村的两个主姓。张姓的宗谱现在保存在第十六代孙张勋举先生家里，贾姓的保存在第十七代孙贾希福先生家里。1997年，赖德霖博士第二次到张壁，曾经看过这两份宗谱，他在文稿里记录了在张家看宗谱的情况：张勋举先生"轻轻地挪开父亲（即学陶先生）生前居住的旧窑洞中堆放的杂物，点起蜡烛，打开那扇长年紧锁的内室小门，小心翼翼地请出一条长有2米，高宽各有20厘米左右的木匣，那里面存放的就是整个张氏家族的神纸。勋举先生给我展示了一份最大的卷轴，它长约2米，宽约1.5米，上面自上而下依次整整齐齐地排列着十六代先人的姓名，足有七八百位。在长卷的上部、中部和下部还分别画有始祖考妣的坐像，祠堂建筑的样式和猪、羊等祭品……贾家的神纸和张家的大小、构图都很相似"。张氏的始迁祖叫张能，贾氏的叫贾文智。

这样的一份名单的史料价值当然很小。不过，根据张勋举是第十六世、贾希福是第十七世看，两位始迁祖差不多同时来到张壁村，如果以二十五年为一代估算，大致在明代隆庆、万历时期。但赖博士对照神纸在康熙十六年（1677）一块碑上查到贾家八世和九世祖的名字，在乾隆十一年（1746）一块碑上查到贾家十、十一、十二世祖的名字，则估算始迁时间当在正统、景泰年间。我们姑且说张能、贾文智为明代中叶人。贾家祠堂里那块当作砧板用的《贾氏建立祠堂记》里说："考大明年间始祖讳文智从晋阳省城剪则巷徙至介邑南乡张壁村贾家巷定居，南北二宅，丁多族广故也。"这块碑由贾田荣撰写，刻于道光二十四年（1844）。但文字不很严谨，看不出"南北二宅，丁多族广"是什么时候的事。

张壁村本来有许多石碑，可惜半个世纪以来，砸的砸，扔的扔，有的铺了路，有的砌了墙，更有不少填了涝坑。幸而庙宇里还剩下近二十块碑，加上别处残存几块，还能多多少少从它们身上挖掘出一些历史信息。

现有关于张壁村的最早资料却来自一块墓志。1995年11月至1997年春，村西南一百多米的砖厂挖地取土制坯的时候，先后发现了三座砖室古墓，在一号墓内有两块用朱砂写在方砖上的墓志。一块在墓室里，一块在穴里，尺寸（高33.8厘米，宽33厘米，厚5厘米）和内容完全相同。墓志一开头就写"维大定四年岁中二月丙辰朔十一月丙寅，汾州灵石县张壁村祭主张𪩘伏为安葬祖父母，并已请灵。谨用钱九万九千九百九十九贯文缣五彩信币买地一段……"。大定是金世宗年号，四年相当南宋孝宗隆兴二年，公历是1164年。[①]这篇墓志说明，早在张能迁来之前三百年，这地方已经叫张壁村，村民以张姓为主姓，当

---

① 宋金对峙时，山西境长期属金国。嘉庆《介休县志》：灵石原属介休。隋开皇十年，文帝巡幸太原，在汾水岸开道获石，"似铁非铁，似石非石，其色苍苍，其声铮铮"，遂于此置县，称灵石，割介休西南境。

大东巷四号院俯视

时属灵石县。赖德霖博士记述道：

　　墓室的平面为八边形，直径3米。墓室及五个耳洞室均为砖
结构，地面也是用边长32厘米的方砖砌成。墓门的上部以及墓
室内的八个壁面全用仿木建筑结构的砖雕饰面，上面还残留红、
白、黑等颜色。墓门两侧八字壁面的装饰图案为棂窗，其他几面
则做成板门式样，并可通门后的耳室。板门上雕饰门钉、铺首。
正穴右首八字壁面的门扇上还刻着一位手捧花瓶的侍女立像。墓
室壁面的檐口有砖雕的枋子、斗栱和筒瓦形屋檐装饰。墓顶为攒
尖形的穹隆，由三十层砖叠涩而成。

　　这个墓室很精致，买坟地用钱近十万贯，也不是小数，可以推断，
大定四年的张諲伏是个富户，而张壁村大约也已经不是一个僻陋小村了。

小东巷十一、十二号院俯视

可罕庙前廊下有一块《重修可罕庙碑》，是明末天启六年七月立的。碑记说："邑之东南张壁村，绵山环亘焉，土地肥润，人居稠密，诚南乡之巨擘也。兼且五日一雨，十日一风，旱魃不为火，蝗虫不入境。适其地，见其嘉禾遍野，问其人，咸颂年岁丰登。原厥所繇，非神之呵护默佑不至。此村惟有可罕庙，创自何代，殊不可考，而中梁书'延祐元年重建'云……"延祐是元仁宗年号，元年是1314年，早于张能、贾文智迁来一百四十年左右，那时有了规模不小的重建的可罕庙，可见张壁村早已相当富有。天启是明熹宗年号，六年是1626年，张壁村已经是"南乡之巨擘"了。这时上距张能、贾文智迁来大约有六代，两姓在村子里有了不小的声望。这次重修可罕庙，起意人本村香老一共六人，三个张姓，三个贾姓。

这块碑上写到张壁村的富裕，还是全靠农业，土地肥沃，风调雨顺，灾害不兴。

85年之后，康熙五十年（1711）的《关帝庙重建碑记》里，捐助人451人，其中张姓120人，贾姓86人。香老、乡耆、乡约、保正、纠首中，贾姓都占重要位置，捐银十两以上的三人都是贾姓。这些捐助人里，特别引起我们注意的，是出现了五个典号、六个店号，这是个很重要的信息。

我们接着看其他的碑，发现越往后，典号、店号在捐助人中所占的比例越大。而且这些典、店大都在外县甚至外省。例如乾隆五十六年（1791）的关帝庙《新建献殿碑记》所列九个捐助者中，就有河南濬县四泰典募化银24两，京都南各庄罗成林募化银24两，张姓首富张礼维居个人捐助数之首，才只有4两。而张礼维本人也是个大商人，在外地经营着不少典、店和从事金融业的票号。道光十五年（1835）关帝庙《重修仪仗补修彩绘碑记》，捐助人维扬（扬州）38名，其中13个典号，20个店号。本村有6个店号，为益昌号、同顺号、兴义号、义庆号、大兴号和三义楼。以个人名义的，张礼维（布政使司经历）12两，仍居首位，张芳桂（监生）10两居次，贾田荣（监生）8两，第三。这三人都是从商致富的大户。北门上空王殿前有一块《领疏募化捐银人碑》，不知是为什么工程建立的，共列498个名字，全部都是"号""典""堂""庄""栈""行""局""厂""记""楼"，竟没有一个人名。领疏人以张礼维为首，"公正"有晚辈的张九成，估计这块碑所记应是道光年间的事。到光绪三年（1877）《重修吕祖阁碑记》，150个捐助人名里，只有40个是个人，其余110个都是店号、典号，其中兴化（福建莆田）县两家典号、松滋县（湖北）10家典号、当阳县（湖北）7家典号，都在外省。40个个人中，也肯定会有一些是商人。在外省外县的募捐人叫作"领疏人"，疏就是说明募化缘起的化缘簿子。

早在康熙十六年（1677）《金妆空王古佛圣像殿宇施银人名》碑，就有五位领疏人，分别在右卫、苏州、南京、豫州、湖广募化。乾隆十一年（1746）《本村重建二郎庙碑记》有五位领疏人，分别在周家口（河南周口）、朔平、魏县、庞各庄（河北大兴）、甘州（甘肃张掖）募化。周家口和甘州的捐银人都是商号。

这些领疏人当然都是长驻在他负责募化的地点的头面人物，而且是张壁村人。出钱的商号、店号、典号，也当然都是张壁村人在外经营的。从这几块碑可以看出，一是至迟从康熙年间起，张壁村已经有人到外地从商，而且跑得很远；二是张壁村出外从商的人越来越多，到道光至光绪年间而极盛；三是从整体上说，张壁村的经济收入，至迟到清代中叶，商业已经大大超过农业；四是典当业在张壁村人的经营中占很大比例。光绪三年《重修吕祖阁碑记》所列的110个店号、典号中，有典当19个。碑记说，当时一共募银202两钱，"15年共得利银179两之钱4分2厘"，可见募来的钱先放贷赚了一笔利息，这是典当业或者钱号的专长。钱号也是张壁村人的重要经营项目。

这些碑记告诉我们的第五点是，从康熙以后，张壁村的重要宗教建筑和公共建筑主要都是商人捐银建成的。这一点还可以扩大到一般的公益建设。例如，西场巷巷门门洞里道光八年《补修门街记》小碑，是大商人贾田荣领衔的。道光十二年重修永春楼和给贾家巷用红石铺地的小碑，第一名捐银达152两的是大商人张礼维。据道光十一年《重建奎楼山门碑》，"吾乡街道向用乱石堆砌，历久欹侧难行，兹尽用石条铺砌，荡平正直，人称便焉，倾蹶颠踬，吾知免矣"。这项工程的筹划起意人也是张礼维，共费银1800余两。道光五年起工，6年竣工。可以补充的是，张勋举先生说，南门外的藏风桥是十四代祖张九成捐资建造的。他于道光、咸丰年间在汉口开当铺，不过好几块碑上记名只加上捐纳的头衔"六品军功"。

除了各项建设，富起来了的商人们也赒贫济困。道光十三年立的《义捐济米碑》记载了嘉庆十年和道光十二年两次歉收，善士"捐赀籴米以赒贫困"的事。道光十二年年岁不登，张礼维、靳炳南等一共捐了493两银子，买米53石6斗，从三月初十起到五月十六止，向120户人家大口308、小口90每天分别各发粮一合半和一合。赖德霖博士在文稿里提到南门内一块铺在地上的残碑，我们来来回回找了好几天都没有找到，后来郑广根先生借来一把铁锹，在西场巷口一块空基的边缘东挖西挖，终于从十几厘米厚的黄土下把它挖了出来。那大概是一块墓志，记述一个人的生平事迹。文字已经很难辨识，断断续续可以看出，"侧闻先生气体英异，胸襟磊落（碑残）先生盖敦本力行人也，兼以商起家"。大约有一次见到一件凄苦事，"谓吾往来四方，岂徒自娱，（碑残）访其为夫鬻妻之故，急出赀付之，俾得全其家室"。又在途中遇到了一位将军，"通情愫，道款洽。时将军曰，惟子干城之选，当为国家（碑残），力辞。时有同里投券乞济者，先生焚券厚（碑残）"。或许这块志有谀墓之词，但大体上符合当时商人们的行为方式。同样的事例在各地碑、志、谱中累累可见。

这些富商主管着张壁村的各项事务。[①]在所有的石碑上都刻着乡约、耆宾、保正、乡保、香老、公正、纠事等管事人的姓名，其中绝大多数都是富裕的商人。从乾隆到道光，张礼维、张悦维、张苏桂、张九成、靳炳南、靳钊青、贾田荣、贾太和、贾维馨都是重要人物。这和我们在南方看惯了的，单姓血缘村落里一切公共事务都由祠堂头首主管大不一样。正由于这种情况，管事人把银钱出入等大小公务都详细刻在碑上，向全村公开，一切透明化，置于全体村民监督之下，这多少有点民主气息。

除了这些碑记，村民对先人们的经商成绩也有些口传。大多说他们以百货、典当、票号钱庄为主要经营项目。村里现在还有三位老人，1949年以前在上海给丝绸店做管账之类的事。至于村里过去究竟多少人家经商，现在已经没有办法调查了，村人们回答这个问题都是笼笼统统地说"多了，多了，家家都有"，似乎再也说不出什么别的了。郑广根先生曾经听过张学陶先生说起张礼维的故事，说张礼维的钱庄票号之所以发达，是因为解运银子十分安全，而所以安全，是因为他和尹泰宗是八拜的把兄弟。尹泰宗是位了不得的镖师，武功极好。只要解银车队插

---

① 郑广根先生说，外出的商人，按例每三年回家一次。在回家的商人中选举各种管事人，任期一年，任满再出去经商。

他的镖旗，多么大胆的绿林好汉都不敢碰一碰。尹泰宗是南庄人，南庄在张壁村北一公里半左右。一天上午，我们出北门，过葫芦颈，在左右都有大沟壑的小路上，踏着没过脚踝的浮土，到南庄去看看。先拜望了80岁属羊的张英老人，又拜望了69岁属马的张守元先生。他们给我们讲了几段尹泰宗的故事，很有趣，可惜似乎在什么通俗的武侠传奇里见过。不过他们都从来没有听说过尹泰宗跟张礼维有什么交情。我们在南庄绕了一圈，虽然已经很残破，但是看得出来，尹泰宗当年的房产，远比张礼维的多，旧居远比张礼维的大，尹家祠堂还剩下好大的一片废址。张守元先生在1947年土地改革时（这里是"老区"，土改早于全国）父亲为贫农协会主席，他亲自带人挖了尹泰宗的坟。"文化大革命"的时候，作为"革命"造反派，又带人炸了尹泰宗坟前的石牌坊。问他这么大的尹家祠堂为什么会毁得片瓦不存，他说，是尹家后人抽鸦片，早早就卖掉了。把祖祠卖掉，这事荒唐到了不大可能的地步，不过我们没有多追问。

我们不可能更具体翔实地弄清张壁村过去商人们的经济活动。他们是从明初到清末辉煌于全国的晋商的一部分，虽然张壁村和晋中那些"大院"在形态上大不相同，但和我们不久前见到的晋南的砥洎城、黄城和郭峪城属于一个类型，它是晋商住家的又一种。

晋商，主要借为北方边镇供应物资的机会，兴起于明初，是有浓厚地缘色彩的商帮。他们主要来自晋中盆地，更集中在太谷、平遥、祁县、介休一带。到明代末年，已经成为全国第一商帮。谢肇淛著《五杂俎》卷四："富室之称雄者，江南则新安（即徽州），江北则推山右（即山西）。新安大贾，鱼盐为业，藏镪有至百万者。其他二三十万则中贾耳。山右或盐或丝，或转贩或窖粟，其富甚于新安。"谢为明末时人，当时晋商已经比徽商富有，他们经营的商品，以盐、粮为大宗，还有布匹、绸缎、木材、烟草、裘皮、毛毯、大黄、茶、煤、玉石等等。经营往来的地域，除了全国各地外，远及俄罗斯、蒙古、朝鲜、日本、缅甸、印度和中东伊斯兰国家。满人入关之前，晋商就和他们有很兴旺的贸易，入清以后，晋商臻于鼎盛，清圣祖在康熙二十八年（1689）南巡后说："东南巨商大贾，号称辐辏。今朕行历吴越州郡，察其市肆贸迁，多系晋省之人，而土著者盖寡。"（《东华录》）乾隆时候的学者纪昀在《阅微草堂笔记》卷二十三"滦阳续录（五）"里写道："山西人多商于外，十余岁辄从人学贸易，俟蓄积有赀，始归纳妇。纳妇后，仍出营利。率二三年一归省，其常例也。或命途蹇剥，或事故萦牵，一二十载不得归。甚或金尽裘敝，耻还乡里，萍飘蓬转，不通音询者，亦往往有之。"介休人也投入到这股逐利于四方的人流中，嘉庆《介休县志》说介休："土狭人满，每挟资走四方，所在皆流寓其间，虽山陬海澨，皆有邑人。"这时晋商以经营典当、钱庄、票号、账局为全国之首。咸丰年间，柏葰奏折提及京师当铺159家，山西人开设的109家，其中介休便以59家居首位（黄鉴晖：《中国银行业史》，山西经济出版社，1994）。全国票号51家，42家属山西人，平遥占22家（同上书）。平遥票号中多数是介休人开的，如范氏、侯氏等。范家是最大的"皇商"，侯家在平遥开设"蔚字联号"，他们直接支持朝廷财政，对晋商发展很有影响，在中国经济史上都占有一席之地。

"蔚字联号"制定的管理制度，被晋商普遍采用，有几条和我们的乡土建筑研究很有关系，如，不论经理伙友，一律不准带家眷，不准在外结婚，不准在外另开商店，不准捐纳实职官衔。这一条不大引人注意的自律性制度，却反映出走遍五湖四海的晋商并没有脱离乡土，他们受封建关系束缚，导致他们终于没有能发展成现代商人。他们在19世纪末叶失去转向机会，煊赫几百年的晋商很快没落了。但是，正因为他们没有脱离乡土，倒意外地成全了乡土建筑的繁荣。晋商以"儒商"自诩，标榜"以末致富，以本守之"，于是资本封建化，转向土地，清代晋中一带普遍流传一句民谚："山西人，大褥套，发财还家盖房置地养老少。"晋中"大院"和张壁村式聚落就在这种情况下大量出现。清初梁恭辰著《池上草堂笔记》里记载，大盐商平阳（即临汾，介休旧属平

0　　　　1　　　　2　　　　3米

住宅挂落

　柒　张壁村

阳）亢氏建亢园，"园大十里，树石池台，幽深如通"，李斗著《扬州画舫录》则说亢氏在扬州小秦淮也建了一座亢园，"长里许……临河造屋一百间，土人呼为百间房"。蕈伏老人《康熙南巡秘记》里又说，亢氏为"晋商魁首，家临汾，宅第连云，宛如世家"。八大皇商之一，介休的三大商家之一范永斗，在乾隆四十八年被抄没家财时，"大院"有房近一千间，号称"小金銮殿"。除了私家宅第外，晋商们也慷慨捐输公益工程，如修路、造桥、建庙等等，地方志、碑记、宗谱等等都有大量记载。有一位叶汝芝，来山西任汾郡（即临汾）太守，对晋商踊跃建设乡里很有感触。他在《重修义棠桥碑记》里写道："余任东省时，备悉城河两工之费，非公帑不办，来晋觉城郭雄壮，石梁高架，迥逾他省。询之故老，犹指为某里某甲分修者，迄今数十百年矣！"（见《介休县志》，义棠桥距张壁村不过十余公里）正是这些商人在家乡大兴土木，使晋中各县的乡土建设面貌大有可观。嘉庆《介休县志·疆域》说："介方百里，疆域非广也，乃入其市门，廛闬扑地，俨如都会。负郭桑麻，四郊衍沃无旷土。村落星罗棋布，烟火万家，郁郁葱葱，井灶甲邻治矣！"

我们在张壁村房屋上见到，在碑记中读到，张壁村人，外出经商，足迹遍及大河上下，长江南北，稍有所成，挟赀回乡，兴建第宅、庙宇、各种公共建筑和公益工程，终至小小的村落如此严整，如此丰富多彩。张壁村的历史和整个晋商的历史完全一致，保存得很完整的张壁村简直是晋商历史的一种物证。我们无意间又选取了一座商人的村落作为研究对象。

张壁村还有一点也体现着晋商的普遍特点，这便是村人不重视读书。早在雍正二年（1724），山西巡抚刘於义奏称："山西积习，重利之念甚于重名。子弟之俊秀者多入贸易一途，其次宁为胥吏，至中材以下，方使之读书应试。"而雍正御批道：这种情况"朕所悉知"（张正明、恭慧琳：《明清晋商资料选编》，山西人民出版社，1989）。到了清代末年，刘大鹏在《退想斋日记》（山西人民出版社，1990）里记述：

"近来吾乡（太谷）风气大坏，视读书甚轻，视商业为甚重。才华秀美之子弟，率皆出门为商，而读书者寥寥无几。甚且有既游庠序，竟弃儒就商者。小谓读书之士多受饥寒，曷若为商之多得银钱，俾家道之丰裕也。当此之时，为商者十八九，读书者十一二。余见读书之士，往往羡慕商人，以为吾等读书，皆穷无聊，不能得志以行其道。"民间也有谣谚道："买卖兴隆把钱赚，给个县官也不换。"这种急功近利、轻视文化教育的陋习浅见，在清末中国经济大转型时，终于使晋商因为缺乏见识而完全失败，退出了历史舞台。张壁村的情况也是这样。头面人物里，只有一个靳炳南"历任寿阳、沁水、徐沟儒学教谕"，是个八品官，按例应是举人出身。贾田荣和张芳桂挂名监生，当时监生是可以通过捐纳而得到的。张礼维的头衔是布政使司经历，但他一生在家闲住，有经理人帮他在外经商，郑广根先生说，这一官半职也是买来的。我们在张壁村体味不到南方农村中那种浓烈的耕读文化的气息。村子里没有独立的书院义塾，更不用说功名牌楼和旗杆了。建筑装饰题材多以"寿"字和卷草的各种变化为主题，很少见到南方最常见的"琴棋书画""文房四宝"之类。宅院中也不见联对匾额。一座不大的奎星楼，搬来搬去，没有给商人和他们的子弟带来文运。这和南方有些村子科甲功名"蝉联鹊起"的盛况简直远远不能比拟。[1]宋金对峙时，山西境长期属金国。嘉庆《介休县志》：灵石原属介休。隋开皇十年，文帝巡幸太原，在汾水岸开道获石，"似铁非铁，似石非石，其色苍苍，其声铮铮"，遂于此置县，称灵石，割介休西南境。科甲或许并不重要，但不重读书，失去的不仅是功名，而是一般的文化修养和知识。所以，清代末年，张壁村就开始衰落，到50年前一场社会大变动后，村民完全失去了适应能力，忽然之间由富裕陷入贫困，而且由于文化水平低，村民们对自己村落的历史和祖先的历史，没有丝毫兴趣，因此也就一无所知，甚至为了填平涝池，把好多石碑丢了进去，这真是悲哀！

---

[1] 整个清代，晋中总共只有一百零三位进士。

# 难解的谜

我们已经阐明，张壁村从清代初年起逐渐有人外出经商，到清代中叶，张壁已经成了一个商人村。村里现有的庙宇、戏台、住宅、巷门、道路大多是商人们捐钱建造的。他们在村子里掌握着领导权、管理权。

下面我们要弄清楚的问题是，为什么一个商人的村子会造成一个上有堡墙、下有地道的壁垒？怎样解答这个谜？村人们爱把答案和"可罕庙"联系起来，认为张壁村是这位可罕屯兵屯粮的根据地，城墙和地道就是他修建的。但这位可罕是谁呢？这又是一个谜，我们先试着解答这个谜。

没有任何可靠的直接史料可以给我们一点启示。村里人早就习惯于把可罕庙叫作"圪垛庙"。圪垛这个词在山西很流行，指的是黄土小丘，许多地名就叫什么圪垛。1991年6月出版的《介休文史资料》第三辑里，孔繁成整理成文的一篇《张壁古堡》，也把可罕庙写作圪垛庙。那么，人们长期是把它当作山神庙的。但它却确实有个正式名字叫可罕庙。

明代天启六年（1626）的《重修可罕庙碑记》里说："可罕，夷狄之君长也，生为夷狄君，殁为夷狄神，夷狄之人宜岁时荐俎焉。以我中国人祀之，礼出不经，然有其举之莫敢废也。况神之福庇一方，护佑众生，其精英至今在，其德泽至今存，则补葺安可废而祀典又安可缺耶？"写碑的时候，张壁村只有这座可罕庙，而且见到中梁上写着"延祐元年重建”字样，延祐元年是1314年，又是“重建”，可见这庙建造之早，对张壁村之重要。中国人祀夷狄之君，固然“礼出不经”，但夷狄之君而福庇中国人，当是不经在先。可罕庙只有张壁村才有，不见于别处，那么，历史上有谁曾经护佑过张壁村的百姓呢？

赖德霖博士在文稿里写道：

> 山西地处华北北部，历代与北方的强族为邻。早在东汉末年，曹操为了削弱匈奴的势力，曾把南匈奴分为五部迁入内地，分散在山西中部各郡，离介休很近的祁县和兹氏（今汾阳）就驻扎过匈奴的右部和左部。西晋末年，匈奴北部帅刘渊在今山西的离石建立起汉国。直到十六国末年鲜卑族拓跋氏建立北魏，山西还曾经处于羯、氐、羌等少数民族建立的后赵、前秦、后秦、后燕、西秦等政权的统治之下。唐、宋两朝，山西虽然回归了汉族的中央政权，但仍不时受到西北突厥、夏、辽和金国的侵扰，特别是在五代和金、元等朝，又重新被少数族占据。山西仿佛是一个民族文化的大熔炉，铸就了三晋文化兼容并蓄的特色，张壁村的可罕王庙或许就是长期而频繁的民族冲突和交往在这块黄土地上留下的一个遗痕。

山西人对夷狄之君并不陌生，但和介休县有明确的关系的可罕，是刘武周。据《旧唐书》记载，刘武周是马邑（今雁门关外的朔州市）鹰扬校尉。隋末大业十三年（617），天下群雄蜂起，刘武周斩杀太守，开仓分粮，拉起万余人马，自立为太守，投靠突厥，随后自称皇帝，建元天兴。突厥则封这位皇帝为“定杨可汗”（可汗即可罕），赠他狼头大纛（同时被封为可汗的还有梁师都和郭子和）。这些都是三月份一个月里的事。五月李渊才起兵于太原，也依附突厥，十一月便进长安，次年称帝，国号唐，年号武德。619年“定杨可汗”部将宋金刚和尉迟恭率兵南下，屡破唐兵。嘉庆《介休县志》载：“唐武德二年夏，刘武周使黄子英寇雀鼠谷（谷在介休、灵石之间）……秋，裴寂拒刘武周、宋金刚于介休，军溃，宋金刚遂据介州。三年，秦王世民奉诏击宋金刚于柏壁（今晋南新绛），金刚走介州，秦王追及雀鼠谷，一日八战，大破之，偏将尉迟敬德合余众守介休，王遣谕，乃举城降。"刘武周和宋金刚分别逃回北方投奔突厥，不久先后被杀。看来刘武周的部将宋金刚和尉迟恭确实曾经短期以介休为根据地。刘武周在介休流传下了一些史迹，嘉庆《介休县志》记载，县城面南十三里的西靳屯村有标志刘李之战的秦王塔（李世民为秦王），城南四里有尉迟恭迷惑唐兵的假粮堆和降唐时扎营的金果园，城北十里的段屯村还有尉迟恭大战唐将单雄信留下的拔戟泉，城东南隅有刘武周墓。嘉庆《介休县志·冢墓》载，墓内是刘武周首级，身在塞外。

根据这段历史，近年开辟旅游观光之后，张壁村人就把可罕庙说成是定杨可汗刘武周庙。由此产生了一则故事，说宋金刚和尉迟恭曾在张壁村屯粮屯兵，地道便是那时候挖的，堡墙是地道挖出来的土夯的。因此，1995年1月5日《人民日报》报道关于张壁村地道的消息时，说国家文物局、中央军事学院战略研究部、《孙子兵法》研究会的六名教授"认定该地道构筑于隋末大业十三年，距今已有一千三百余年"。

这个故事唯一可能的证据是，张壁村西南原来是练兵场，叫西场。西场巷名称由此而来。巷门外北侧有一只石雕的狼，面对着东方的可罕庙。突厥人赠给定杨可汗刘武周的战旗是一面狼头纛，据说石狼便是依照那大纛上的狼雕成的。

那么，可罕庙里塑的是什么样的神像呢？像在"文化大革命"时候被砸毁了，1996年请人新塑了一尊刘武周像，冕旒衮服，一身帝王打扮。左手立宋金刚，右手立尉迟恭。"文化大革命"之前是怎么样的呢？导游人期期艾艾，不大愿意说。我们并不乐于接受这个关于可罕庙主神身份的推断。可罕的谜没有解开，因此古堡地道的谜也不能由定杨可汗而解开。我们试着从别处下手。

张壁村以壁为名。《正字通》解说："壁，军垒。"至迟在西汉初年，军事营垒就叫壁。从东汉直到魏晋，天下纷乱，军阀豪强割据称雄或地主流民保家自守，常常建造堡垒，称为"坞"或"坞壁"。《晋书·慕容儁载记》说："上党冯鸯自称太守，附于张平……张平跨有新兴、雁门、西河、太原、上党、上郡之地，垒壁三百余，胡晋十余万户。"介休当时就属西河郡。直到清代嘉庆年间，据《介休县志》，在全县境内还设有四十四个军事寨堡以及营房、墩台、烟墩等设施，而且在它的210个村子中，以寨、堡命名的有16个，以壁命名的有8个，张壁是其中之一。张壁西邻有东宋壁村和西宋壁村，北邻有遐壁村，南邻有焦家堡村。其余不以寨、堡、壁为名的村落其实有许多还是有城墙设防的堡垒，如义棠镇、张兰镇、盐场铺、湛泉镇、三佳、南庄、宋丁、两水、刘屯、西狐、冷泉、霍村等等。堡垒式村落在山西到处都有，我们在阳城考察过的砥洎城、黄城和郭峪城便属于这种。

山西各地多堡垒式村落，原因在于山西从来是全国性战略要地，兵家必争。它是一个高原，中国历代最重要的帝都绝大多数在它周边。它西南方有陕西的长安、咸阳，南方有河南的开封、洛阳，东北方有北京。它的北方是强悍的少数民族的根据地，他们一旦据有山西，便可由汾河河谷或涑水河谷西向入秦，虎视长安；由沁水、丹河河谷南下渡黄，威胁洛阳、开封；沿滹沱河、漳河、桑干河可达华北平原直逼北京。因此，历代政权都以山西为屏障，山西省战争不断。介休位于晋中盆地南端，经它西侧的雀鼠谷可到临汾盆地和运城盆地，所以嘉庆《介休县志》说介休"蚕蔟高峻拥其后，西入雀鼠谷，津隘崎岖，水经夸地险，为古战场"。隋末唐初，山西是各路图王者逐鹿之地，刘武周和李世民的决战就在介休；宋代，山西是抵御辽、金铁骑南下的战场。1966年在绵山的悬崖石隙里发现了保存在一只铜罐里的五件抗金文献，记载了靖康元年（1126），金兵大举南侵，攻战了平遥、介休、孝义、灵石以后，以李武功、李实为首的一支河东民兵勤王抗金，"仗义自奋，掩杀贼众，收复陷没州县"的情况。他们曾在绵山西侧的灵石县韩信岭大破金兵（见1992年新编《灵石县志》）。显然，这支义兵的根据地在绵

龙街上的槐抱柳

山。明代中叶，瓦剌首领也先率部进犯大同，俘虏了明英宗。嘉靖年间至隆庆年间，鞑靼首领俺答又纵兵南下，直达晋东南，两次攻到介休城下。这些战争对张壁村不可能没有影响。

　　正是由于山西省重要的战略地位和连绵不断的战争，明代初年朝廷在北疆设军事防御体系的时候，大同是"九边"重镇的核心。[①]同样的原因，城防的巩固便成了山西各县的"首务"，俺答两度兵临介休城下而终不能破城，便是因为城防"固于金汤"。除了城防，正规的防务还有许多"防汛"，也便是营垒，各有步兵、马兵、营房、墩台、烟台。此外，自从设立"九边"之后，大批山西人以供应边军粮饷和各种需要发展商业。不久产生了"商屯"现象，便是商人组织人力在当地生产军需物资。《国朝典汇》卷九十六载："富商大贾，自出财力，自招游民，自垦边地，自艺菽粟，自筑墩台，自立堡聚，所以岁时屡封，刍粟不

---

① 明初洪武年间陆续设立辽东、宣府、蓟州、大同、山西、延绥、宁夏、固原、甘肃九镇。大同、山西为重点，分属代王、晋王管辖。每镇约十万大军。

亏。"这些商屯之地都有"墩台"和"堡聚"，它们当然会起一种榜样作用，稍稍殷富一点的村落，便会自己设防，建造防御工程，于是寨、堡、壁就遍布各地农村了。

村落的堡垒化，不仅仅为了抵御外敌，更经常需要的还是抵御各种土寇流贼和起义的农民军。明代晚期，社会矛盾空前尖锐，农民骚乱不断爆发。正德六年（1511），中原地区的农民军领袖杨虎率众攻破河北赵州进入山西，席卷晋中、晋南，介休的邻县灵石"官民惊惧，弃城遁。贼大肆焚掠，城为之空"（见《灵石县志》）。人民不得不组织起来，谋求自保，一个村落就是一个防御单元。例如，灵石县的冷泉镇，于嘉靖十六年（1537）为防山寇侵扰造了堡墙。嘉靖二十二年的《冷泉镇修寨记》写道："迩年凶荒，西山起寇，数为民患……乡镇等处，扶老携幼，趋避山谷，犹被获罹害。吾冷泉者，路当冲要，俗颇华丰，劫财伤人，罹患愈惨，盖缘失险而无所与恃也。"村民经乡耆们说服，于是决心筑墙。"量力输财，聚工修筑……再阅寒暑，始克落成……迨嘉靖壬寅岁（1542），房寇深入，四方残害不忍言，吾镇及邻乡居民口入，俨然虎豹在山之势，得保无虞。自是而后，愈后增修，各家居室完备焉。"张壁村在冷泉镇东面，相距不远。介休县城东面张兰镇也有类似经历。康熙五十六年刘尔聪撰《修张兰城记》说："镇向有城，不知建自何时，无碑板可考，不敢妄为附会。自明季流寇肆虐，所过都邑为墟，我镇之戒严者，岁凡三四，而卒不受疮痍，实惟坚城是赖。"（见《介休县志》）

张壁村同样处于不安定的环境之中。《灵石县志》记载："嘉靖四十一年（1562），东山贼杨甫乘年荒聚众，劫掠杀杨（？），千户居民被害，年余始平。"灵石县的东山就是绵山，既然绵山上历代都有不同性质的武装力量，张壁村不可能不受到威胁，而且不可能不汲取冷泉镇的经验。我们没有见到直接的明代史料，但稍晚一点，清代康熙五十年（1711）张壁村《关帝庙重建碑记》却提供了重要信息。碑记写道："我等遭明末之时，贼寇生发，寝不安席。附近乡邻俱受侵凌。遇有贼寇来攻，吾堡壮者奋力抵敌，贼不能入……复有旗号自北而来，众恐曰：贼兵继至，不能保守。将堡门拥闭。兵曰：我乃请来官兵，何故阻之？即开北门放入村中。"可见明代末年，张壁村已经有了坚固的堡墙，不但挡住了南山（即绵山）的贼寇，而且也能抵挡发生了误会的官兵。

那么，这堡墙究竟是什么时候建造的呢？最早的可靠的史料在南门永护门门洞上方的石匾上。那匾上刻的是"护村镇河"四个大字，重要的是落款为"岁在大明嘉靖三十八年正月廿七日共村人等同修"。它晚于冷泉镇筑墙十几年，早于杨甫聚众为寇三年，正是明末多事之秋。那么，匾上所说的"护村"，应当指的是防御山寇，而且在有"神兵"相助的那次，确实起了作用。修城门未必与筑堡墙同时，但是，城墙不会迟于城门，则是当然的事。北门城墙上有万历年间造的空王殿，而北门门洞上石匾"青霭门"的纪年是嘉庆年，那是它大修以青砖砌墙面的年代。所以，南门的这块匾，也可能是大修以红砂石贴砌墙面时候刻的，难以用它来断定墙的年代。嘉靖三十八年（1559），只能是造墙日期的下限，即城墙不会晚于这一年。

1992年夏季，清华大学建筑系研究生舒楠和邹颖第一次来到张壁村。邹颖在她的学位论文中写道："村内有一块残碑，上刻《崇祯十年秋日修筑堡墙碑记》，记载着张壁村修筑自卫体系的历史。"可惜到1995年赖德霖博士去做正式调查的时候，这块碑已经在填平涝池之役被深深埋到地下了。为什么崇祯十年要修筑堡墙？《介休县志》记载："崇祯四年五月初十日，流贼由田屯入义棠，知县何腾蛟严守，贼驻三日而去。五年，流贼自沁源入兴地村肆掠，知县李云鸿募兵守御，贼知有备，逸去。六年，参将虎大威从巡抚许鼎臣击贼介休，歼其魁'九条龙'。"这里所说的"流贼"就是有李自成、张献忠参加的陕北农民起义军。义军丛起于崇祯元年，崇祯三年攻入山西，以后在山西转战多年。崇祯十七年，已经成了领袖的李自成"自平阳入（介休）境，士民惊窜"。清代顺治元年，"逆闯遁西安，道出介休，复被劫掠。六年，流贼余党攻陷郡城，肆掠县境"（均见《介休县志》）。崇祯四年、五年义军先后所到的义棠、兴地两村，都在张壁之西十余公里。所以，崇祯十年的修筑堡墙，显然是针对陕北义军的。不过这次应该是加固而不是新的修筑。我们在晋东南阳城县所见的砥洎城、黄城和郭峪城等村落的堡墙，也都是从崇祯五年到八年间修筑的，而且曾经据城固守，抵御过李自成部下的进攻。可见当时筑城在山西省是一个普遍的防御措施。

张壁村的村民们很重视这道堡墙。展屏先生在《神奇的张壁村》一文里写道，"有碑文记载"村里关于保护堡墙的规定如：建造民宅，必须距墙根六丈；在堡墙附近的树木，只准砍，不准刨；严禁在墙根堆放粪土等（《史粹新观》，山西古籍出版社，1996）。但是，我们在村里努力寻找，也请问了郑广根先生，都不见这块碑，不知道是不是就是邹颖和舒楠见到的那块，被填了涝池了。

我们所做的工作，只能有一个结论，那就是张壁村的堡墙最晚建于明末嘉靖三十八年，并不能确切知道它的建造年代。

至于地道呢？国家文物局、中央军事研究院战略研究部和《孙子兵法》研究会的教授们认为，地道是和堡墙一起构筑的，叫"明修堡墙，暗挖地道"，堡墙的内心用地道挖出的黄土夯筑而成，局部用土坯补砌。赖博士估算，堡墙用土大约要十四万立方米，这个数量很大。赖博士又估算，地道的全长可能有一万米，则挖出来的土可以全部被堡墙容纳，还远远不足。用地道的弃土夯堡墙，不失为好办法，这是可能的。不过，那几位教授根据刘武周的传说判定地道挖于隋末大业十三年，那么，堡墙的修筑也开始于那时，因此问题又回到扑朔迷离的可罕庙身上去了。以未知解未知，越解越糊涂。

然而，金大定四年的墓志是不假的，那上面已经有了"张壁村"的名字，既然以壁为名，应当是有军事防御设施的村子。那时候防御设施是什么样子的呢？是不是有堡墙和地道呢？大定四年是1164年，晚于靖康年间山西的勤王义军五十来年，那么，张壁村有没有可能是勤王义军的军事堡垒呢？或者，可罕庙有没有可能是金国的一位什么可罕的庙呢？

谜团没有解开。没有解开比毫无根据的武断好，就把谜团留着吧。

# 南门有一个庙宇群

　　张壁村一个重要特点是宗教崇祀建筑多，如果不把正殿耳房里杂神小庙计算进去，现在所知有15座庙，如果计算进去，就有22座。有6座已经毁掉，还存16座。一个小小山村竟有这许多庙宇，在全国都不多见。这些庙的布局配置也很有特色，除了早年已毁而不知所在的眼光殿（祀眼光娘娘，保护人们眼睛），其余都丛集在北门内外和南门内外。计北门10座，南门11座。庙宇的这种布局，在全国也不多见。

　　庙宇多的原因，首先是商人不离乡土，赚了钱带回家，田地早已买足，而且已无田地可买；宅院也早已造齐，无需再造。于是就有了"无妄之费"，包括斋僧礼佛，建造各种庙宇。张壁村的庙宇，自清代起，就主要由商人捐资兴建。他们在造了庙宇之后，还要捐献一些土地作为庙产，供僧侣们生活和做法事。其次是中国一向没有真正意义的宗教，有的是功利性的实用主义的自然神和人格神崇拜。凡农业社会中生产、生活的各种需要和愿望，都有相应的"有求必应"的神灵主管。这种泛神论的神谱很广，而且是开放性的，随意可以增添。连早在天启六年（1626）就已经不知其为谁的"可罕"的庙祀都不敢废，而且香火居然还很旺。因此，只要有闲钱可用，"淫祀"就越来越多，庙宇也就多了。第三，农村中，庙宇一般都有公共建筑的功能，介休更有这种风俗。嘉庆《介休县志》卷十二有一篇《新东内村观音堂记》，是雍正七年任玑撰写的。记中说道："维斯堂在百室之中，农人得憩夏畦，行旅获舒劳足。而且月朗风清，野老常于此话桑麻、论今昔。即有讼端，可以解纷；或有发召，可以集议。正不独夕梵涤我尘心，晨钟发人深省也。"县志中又有一篇马绥写的《新田堡净明寺记》更有意思，他说："抑今贫者日困，富者日悭，一闻福田利益之说，则不必劝而施，不必夺而予。而鳏寡孤独或得祝发以寄食其中，不饿殍以死，斯亦何背于先王之政乎？……余思梵刹之设，虽以供养菩提，而吾徒每假之为鼓歌弦诵之地，忆里中先哲，曾于此中讲学论文而登甲第，不佞亦踵相接焉……而圣贤之道之传，亦藉是维系不坠。脱若后有昌黎诸贤，相与倡明圣教，则此选佛之场，即为鹿洞鹅湖，亦何不可哉。"则寺庙被当作一种世俗的公共文化建筑看待。张壁商人多从事典当、钱庄、票号，自有经理伙计经营，东家大多家居，以乡绅身份管理村中公共事务，所以比较留心公益。建庙是一种公益活动，张壁村的庙宇建筑大多有一种公共建筑的性格，而少宗教的庄严和迷信的神秘，造在村门口内外，贴近日常生活而不远在村外僻静处。

张壁村庙宇特别多的第四个原因是这个村独有的，那便是它位于介休县城到绵山去的必经之路上。绵山下有兴地村回銮寺，绵山上有云峰寺等几个重要寺庙，香火很盛，附近各县都有大量信众来进香。绵山是专司雨水的"空王佛"修行之地，山西气候偏于干燥，农田多是旱作，年岁丰歉都决定于雨水，所以空王佛地位十分重要，各地多有空王庙，而以绵山云峰寺为祖庙。张壁村空王殿里《创建空王行祠碑记》写道："每年三月十七日空王圣诞，龙神聚会，四方各府州县人民朝礼圣境，报答佛恩，登陟中途，绵山之麓张壁村乃空王佛之要路，凡散人到此，无不止息。或遇天雨盛大，不能朝礼，此村南面焚之。"张壁村是上绵山朝拜空王佛途中特殊的一站，所以它的空王殿又叫"空王行宫"。郑广根先生对赖德霖博士很生动地讲述过上绵山祈雨队伍经过张壁村的情况，赖博士在文稿里记录道：

北门瓮城东门

祈雨要靠心诚感动老天。祈雨行列最前头的人叫"报子"，他总是抢先一站，通知沿途各村，做好接应准备。在张壁村，人们接到通报后便由"善友"撞钟，召集村民。村民立即放下手头活计，赶到空王殿前。有人着手烧水煮饭，供祈雨队伍吃喝；年长的人进殿里向空王佛祈祷，给祈雨队伍帮一把；身强力壮的把存在

南门

殿里的"祈雨楼"抬出来，加强外地祈雨队伍。祈雨队伍以"雨师"打头，他们裸着上身，赤着双足，颈上戴着木枷，头上顶着大刀，或者身上捆着铡刀，还在肋骨上挂银钩，入肉见血。雨师打算以残酷的自虐来感动空王，使他对受旱灾折磨的苍生略生怜悯之心。雨师边走边唱："空王佛，下大雨，下了大雨救万民；空王佛，开开恩，救救天下众民生。"

这种场面现在想起来叫我们心酸，但在当年，想必会激发张壁村村民多建几座"有求必应"的庙宇。这是在自然力面前束手无策的人们唯一的自救途径。

万历年间一块关于重修兴隆寺的残碑说："北门里西侧有寺一座，名曰古刹，其地高明，坐坎向离，（残缺）散人逸士，有志登山迈岭者，罔不游憩于斯，诚冀南一胜概也。"可见庙宇向上山进香人提供休息之处，善缘香火，收入一定很可观。

因此，张壁村的布局结构就很特殊，从北门经龙街到南门，又从南门经龙街到北门，直进直出，是一个完全穿过式的公共开放空间。两个庙宇群，是这个空间的标志性起讫点。

## 可罕庙和奎星楼

可罕庙是南门庙宇群的主体，也是张壁村最古老的庙宇。明末天启六年（1626）《重修可罕庙碑记》说："此村惟有可罕庙，创自何代殊不可考，而中梁书'延祐元年重建'云。"延祐元年（1314）已是重建，则可罕庙至迟创建于14世纪初年。①

庙在南门里龙街西侧一个黄土高台之上，台面大体呈长方形，南北57米，东西28米，周边有胸墙。南缘凸出堡墙之外，高8米，北缘临大东巷，高也是8米。如果堡墙与南门同时建于嘉靖三十八年，则这座可罕庙早于堡墙，这土台可能是张壁村最初的设防堡垒，和现在还能见到的许多村子都有的土寨一样。张壁附近的龙头、峪子、河东、龙凤、东狐等村，在村边小山顶上，有一圈夯筑的土墙，高六七米，直径从30米到80米不等，叫作"寨子圈"。平时土寨里可以种植庄稼，一旦发生战乱，举村男女老少都避进土寨，据高困守以待乱平。

可罕庙土台台面又分为三个高程。正中部分最低，是个20米见方的院子，东西两侧各有四间厢房。北面两米多高的月台上是庙宇正殿和钟鼓楼。正殿三开间，通面阔10米，硬山顶，有前檐廊，两头各有一间耳房。屋顶遭到过破坏，重修后龙吻和"三山聚顶"等都没有了，这些

---

① 中梁即脊檩，张壁村庙宇，不论山门、大殿、偏殿，都在脊檩底面书写上梁年月日和时辰，还有"起意人"姓名。

本来是山西庙宇都有的装饰。正殿明间中梁底面题字为乾隆三十二年（1767）上梁大吉。钟鼓楼在正殿前，一对四柱方亭子，卷棚歇山顶，分立左右。1982年定张壁村为省级文物保护单位的时候，钟楼还在，鼓楼已毁。如今钟楼也没有了，二者都残剩地面上的痕迹。正殿中央坐着刘武周塑像，金身戴平天冠，是称帝时的样子，东侧宋金刚倚立，白面无须，西侧尉迟恭侍立，赤面虬髯。像都是1996年塑的，在假定可罕为刘武周之后。墙上壁画也是新的，一幅幅田园景象。山墙尖上，脊柱两侧的三角形墙面上，分别画着"米芾拜石""周敦颐爱莲""林和靖赏梅"和"陶渊明采菊"四幅逸士闲情的水墨画。郑先生说是"文化大革命"以前的，题材和风格与金戈铁马、碧血黄沙的争夺天下的大战毫不相干，而是士大夫文化的公式化表现，显示出士大夫文化对乡土文化的强势地位。东耳房供武财神，西耳房供子孙娘娘。有钱而多子，这是农业社会中的最高生活理想。

每年七月初八"供献食"，本村和附近各村人家都争先恐后把油炸糕放到月台上供祭。这活动又叫"献盘子"。

和正殿相对有一座戏台，硬山造，三开间，通面阔8米，没有后台，中梁底面题字为乾隆三十五年（1770）上梁。紧贴戏台后身是一带14米宽的平台，突出于南堡墙之外，比中央院落高4米，从东厢房南山墙边上有石级上去。石级上端立着一座双柱牌楼，精巧华丽。牌楼戗柱柱墩上雕着石猴。张壁村石雕中猴子的形象很多，都非常活泼可爱，灵气十足，而且造型简洁精练，艺术水平很高。

这块宽阔的平台上，东端有一座六边形奎星楼，也便是文昌阁，它在可罕庙东南，但对全村来说，不居于巽位，不合乎风水。道光十一年《重建奎楼山门碑记》里说"村南罕王庙巽地旧建文昌奎星楼，历有年矣。嘉庆戊辰（1808）岁移建村外"，移建的地方在村外东南角，即全村的巽位。但是"不几年而基址毁裂，意神灵之不欲迁移，而旧址之究属安吉耶"。经张礼维动议，文昌奎星楼"仍于村内旧址建立。第旧址颇窄，因复广地基若干，又从而砖砌之。下接砖窑二间，上建阁三楹，高插云汉。旁立灯杆一座，元灯不坠。而理问张思谦又施北门外地二亩以供香火焉"。由碑文看，戏台后的高台是道光年间为重建奎星楼而拓宽的，新拓部分建在两孔砖窑之上。用砖窑抬高找平房基地，这种做法在山西常见。由于村子地形南高北低，这部分抬高了4米之后，南缘才保持对外8米的高度，有利于防御。

碑记中说重建奎星楼"建阁三楹，高插云汉"，说得很不清楚。郑广根先生说，奎星楼是六边形的，三层。1940年代日本侵略者占领张壁村，曾拿它当瞭望哨岗，1941年又把它拆掉了，现在只见地面上有六边形的痕迹。郑先生亲眼见过这座楼，那么，可能道光十一年之后又曾经改建过。

灯杆是奎星楼的配套设施，我们在江西婺源看到，水口文昌阁旁边也总有这样一杆长明灯，除了导引赶夜路的人，或许还有隐喻文化的某种作用。但是，自从附会了可罕庙是刘武周庙之后，村民们编了一个故事，说这灯杆是驻防张壁粮仓的刘武周部下给驻在介休县城的宋金刚和尉迟恭传递情报用的，白昼挂彩旗，晚上挂红灯。现在，我们却看到上面挂了一面旗，写着大大一个"隋"字。刘武周起兵反隋，在他的根据地里，他的庙前，挂隋字旗，真是太荒唐了。

可罕庙正门在西厢房的南端一间。门外有影壁，转弯便是一个由北而南的大坡道，紧贴在龙街东侧。庙门上题额为"齐云"。嘉庆八年春末，可罕庙土台北缘塌数丈，同年修复，"崖仍用土筑而坚固倍之。西崖临街数丈易为砖墙，上庙行路尽修为砖阶……又于庙院中坤地新增一茅窑，而奎楼下茅房、驴圈尽去，人心为之一快。试由街层级而上，入庙四顾，巍然焕然，熟谓振旧而非增新耶？"（见嘉庆八年《补修可罕王庙碑记》）村中公耆、乡约、香老、纠首等管事人的满意心态很能激起我们的同情。①

---

① 郑广根先生说，可罕庙的僧人原为喇嘛，整日忙于种香火地，不会做法事，每当要做法事时，要到外地请和尚来。以香火地收入作为法事费用。香火地有一座小庙，叫一乐庵。

## 西方圣境殿和地藏堂

从可罕庙戏台之西的一道石级，可以上到南门永护门的顶上。南门门洞深达9米，顶上平台南北宽9米，东西长20米，颇为宽阔。正在门洞上方，有一座三开间悬山小屋，有前檐廊，通面阔9米，进深4.2米，坐南面北，这便是西方圣境殿。西山墙前，有一方《重修金妆西方圣境碑》，碑记写道："本堡南门顶左有西方圣境，殿宇三楹，历年已久。"这碑记写于雍正九年（1731），对于殿的创建年代已经说不清楚。不过，南门建于嘉靖三十八年（1559），则殿不可能早于这一年。据碑记，康熙五十九年（1720）"纳子"传学起意修葺金妆，雍正八年、九年，各项工程次第完成。"登斯堂也，睹斯境也，西方如接。斯人口口之念有不勃勃欲动者乎？"看来殿内原有描绘或仿制西方圣境的壁画或模型，是佛教的净土宗一派。赖德霖博士在文稿中写道："郑广根先生说，西方圣境殿里原来塑的是天地三界、日月星辰、行云流水、风雷电闪。东西山墙前台上是十八尊罗汉像，另有两尊护法神。"这样似乎又不像是描绘极乐世界的。不知是郑先生的记忆有误，还是农村小庙的布置未必都中规中矩。

据《重建奎楼山门碑记》，道光十一年曾同时建造地藏堂、眼光殿、吕祖阁、龙神庙和北门外葫芦颈的照壁。其中地藏堂就在南门顶平台的西北角，坐西向东，现在已经没有了。按佛教说法，地藏受如来佛的委托，作为"幽冥教主"，负责普度地狱众生。地藏立下大愿："众生度尽方证菩提；地狱不空誓不成佛。"因为有这样崇高的善心和决心，像大慈大悲观音菩萨一样，他受到人们的尊敬，膜拜顶礼。每年旧历七月十五为地藏生日，七月三十为他的成道日，全国各地普遍于十三、十四、十五、十六四天举行盂兰盆会，家家设香案，念经咒，布施僧道，协助地藏早日救净众生。

撰写《重修金妆西方圣境碑记》的邑庠廪生李佩写道："予自束发受书，不佞佛事，为其邻于诞近于虚也。"但见到乡人出钱出力，踊跃整修金妆，"忽悔从前过执"，因为做佛事使人心向善，"乐善者思勉于善，为善者益坚于善，一乡而皆善焉，其俗进于淳"。他觉悟到，这种情况未必不好。

据嘉庆八年《补修可罕王庙碑记》，"南门楼围墙，亦易旧而为新"，但说得不清楚，南门楼不知是不是西方圣境殿。以门楼为殿宇，本是常见的事，张壁村的南北城门顶上都有庙，大约也是这种习惯。南门内西侧，大致在地藏堂的下面，有更窑一孔，传说窑内有一块石碑，我们找不到管锁钥的人，而且从门缝张望进去，漆墨一片中仿佛堆满了粗大的木料，要清理这些木料不是我们这几个人做得了的，只好作罢。

西方灵境殿的屋面在"文化大革命"时被破坏，近年修复，前后坡中部都有三个黄琉璃瓦形成的方胜。最华丽的是正脊，鸱吻是高高的黄琉璃坐龙，形象非常生猛有力。中央有"三山聚顶"，正中立一座绿琉璃双层楼阁，两侧傍一对莲花宝座上的白琉璃象，它们上部都有三层黄琉璃宝珠，再加上各色琉璃做的细节装饰，如璎珞、火焰、锦袱等等。这种屋脊是山西乡土建筑重要特征之一，使建筑物轮廓参差多变化，色彩灿烂丰富。

## 关帝庙

南门外不到10米，正对南门而略微偏东一点，是关帝庙。康熙五十年《关帝庙重建碑记》记了一则很有趣的神话作为张壁村建关帝庙的缘起。碑记说："我等遭明末之时，贼寇生发，寝不安席，附近乡邻俱受侵凌。遇有贼寇来攻，吾堡壮者奋力抵敌，贼不能入。贼曰：汝村中赤面大汉乘赤马者是何处之兵？我等曰：请来神兵剿灭汝寇也。贼自相语曰：神兵相助，村中必有善人。遂欲退去。"乡民们认为，这位乘赤马的赤面大汉，便是关羽，于是"平定之后，村众曰：吾乡仰赖关圣帝君保佑平安，理宜建庙祀之"。不过或许因为乱年匆匆，借口"无宽广之

关帝庙抱厦屋顶

地"，仅仅"逼门草创一间"了事。康熙四十八年（1709）一位叫了道的僧人创意重建关帝庙，村里各种管事的人积极出头主持，先筹集经费，"按地分派，坡地每亩七分，山地每亩五分"。当年仲春动工，九月便完成了"大殿、圣像"，次年完成了"僧舍砖窑四眼，钟鼓二楼"。到康熙五十年（1711）完成"山门乐台三楹，塑神马二匹"。三年之间，用工三千五百余个，"俱是按门乐助"。乾隆五十六年（1791），又在正殿前面造了一座带抱厦的献殿。（见《新建献殿碑记》和脊檩下题字）

　　重建的关帝庙，"洋洋乎诚一巨观也"，但大院周围仍是土墙，地面也是黄土。于是，康熙五十九年，几个人出钱更兼募化，砌了砖围墙，墁了砖院地。庙院东边立了一根旗杆。此外，"更建茶棚一间，以济往来行人之渴"（均见《增修墙垣墁院碑记》）。求茶的行人，大概主要是去绵山的香客。施善便为求福。

道光十一年造的龙神庙便在庙的东院里，坐东向西，三开间。

又据道光十五年《重修仪仗补修彩绘碑记》，道光十四年（1834）仲夏起，对"正殿、旁殿、乐楼戏台、山门以及观音堂、韦陀殿、奎星楼、僧舍禅堂无不命工修理，其他随方补葺，内外焕然一新"。其中韦陀殿位置已无从确认，观音堂当是东院北端的一孔窑洞，原有千手观音像。"文化大革命"时改窑洞为仓库，拆除观音像，发现后壁有夹层，内贮铁像一具，高约一米，外敷约两厘米厚的泥壳。现在村人又把它附会为刘武周像。但这像坐姿如佛，神态似道，身着官服，山西省盛行释道儒三教合一的崇拜，则它的身份也颇可疑。

对关羽的崇拜，遍及全国，宋神宗封他为"三界伏魔大帝神威远震天尊关圣帝君"，清代朝廷更加大事强化对关羽的崇拜，顺治皇帝又封他为"忠义神武灵祐仁勇威显护国保民精诚绥靖翊赞至德关圣大帝"，与文宣王孔子对应成为武圣，同样享春秋二祭。他成了无所不能的人民保护神，全国各地都有他的庙宇。关羽是山西解县（今运城解州镇）人，山西人对他多了一份乡情，各地关帝庙规模都比较大。

我们所见到的张壁村关帝庙，大体是始建于康熙五十年，整修于康熙五十九年和乾隆五十六年的原状。只是钟鼓楼不见了，山门是重建的，院内的旗杆没有了踪影。

关帝庙的院子，南北40米，东西30米。正殿坐南面北，三开间，总面阔8.8米，进深6.8米。明间挂着一块白底黑字的匾，写"亘古一人"。匾有点简陋，又新，显然是近年新做的。楹联是："生蒲州聚涿州保豫州镇荆州惟公称神称帝；扶玄德结翼德斩庞德剿孟德谁人塑身塑像。"紧贴在它前面，有三间献殿，进深4米，献殿明间向前凸出一间抱厦。正殿和献殿都是硬山顶，抱厦却是歇山顶，正脊上还有琉璃鸱吻和中央的一串宝珠，很华丽。正殿有耳房，东边是蚂蚱庙，就是蝗虫庙，西边是山神庙。原先一对钟鼓楼，就在耳房正前方。它们和可罕庙的钟鼓楼一样，也是歇山式的亭子。如果它们还在，和抱厦一起，受简洁的正殿和它的耳房衬托，景观构图有层次，又有活泼的变化，而且统一成整体，在建筑艺术上很成功。

关帝庙原来的山门和乐台都已倾圮。乐台原在山门内，朝南。一般庙宇和祠堂里戏台都是面向正殿的，演戏要借酬神敬祖的名义，演给神灵或祖宗看。现有的山门是光绪二十二年重建的（见脊檩下题记）[1]，面阔三间，共10米宽，通进深8.8米。乐楼戏台没有了，门外的狮子和旗杆也都是新配的。

关帝庙没有东西配殿，东侧有个小院，它的北头便是可罕庙奎星楼之下的三孔砖窑，西边的一孔是观音堂，东边两孔是给僧人们住的。东院的东墙跟前有三间坐东向西的龙神庙，脊檩下纪年为乾隆十一年上梁。[2]山门东侧也有一孔砖窑，与东院的三孔合计四孔，现在作为参观之用的地道的入口就在这孔窑里。

正殿里原有的神像都在"文化大革命"时砸得片甲不留，1994年重新塑造妆彩。正中关帝高坐，左边侍立着义子关平，手捧黄缎包着的帅印，右边侍立着副将周仓，手扶青龙偃月刀。幸好墙上的壁画都还是原来的，一共二十五幅，都是《三国演义》中的场景，如"桃园结义""过关斩将""水淹七军"等等，着力渲染关羽的忠勇信义。这种壁画，便是村民风教的教科书，它们和演义、戏剧、说唱等一起，把宗法社会里人伦秩序的理想一代一代地传下去。

---

[1] 郑广根先生说山门是近年重建的，则可能是利用了旧梁架和有题记的旧脊檩。

[2] 建造龙神庙，见道光十一年《重建奎楼山门碑记》，而此三间侧屋建于乾隆十一年，合理的推测是，当年龙神庙建于旧建筑内。或者道光十一年是一次大修缮。

# 北门也有一个庙宇群

北门庙宇建筑群比南门的大，空间布局也比较复杂，不过，两者的布局有很多的共同点。似乎遵从同一个原则。不过，我们没有能找到什么根据证明有这样的原则存在，只不过是见到一种现象罢了。

## 兴隆寺

从北门青霭门进村，西侧，也就是右侧，有一块黄土台地，在这块台地上造了一座庙，叫兴隆寺。这位置很像南门里的可罕庙台地。也和可罕庙相似，土台与城墙一样高，不过可罕庙台地凸出在南堡墙外，兴隆寺的台地则与北堡墙有18米距离，而用一段越过户家园巷的过街天桥连接，它下面便是巷口。

关帝庙献殿西侧，有一块万历年间的石碑的残段。断断续续的碑文开头说："北门里西侧有寺一座，名曰古刹，其地高明，坐坎向离。"可见兴隆寺曾被叫作古刹寺，创建年代在那时候已经渺不可知了。只能从残句中看出，隆庆年间（1567—1572）"加增南禅堂三间，东西廊各三（残缺），遂视前时不啻霄壤矣"。隆庆年间加建，则它必建于隆庆之前或隆庆，那么，就已有可靠年代证据的庙宇来说，它在张壁村至少是第二座庙宇。到了万历年间，"于正殿则接重檐，换格扇，于南禅堂则起盖焉。于东西廊（残缺）"。正殿接重檐是什么意思？是加建楼屋呢还是真的改建为重檐屋顶？南禅堂起盖也不知什么意思。又说，"周围四壁，重叠彩绘，烨然可观。凡侍从诸神及香案献桌之属，无不（残缺），中外遐迩，人来参谒瞻拜者，皆仰之如日，望之如云矣"。当年这座古刹寺，后来的兴隆寺，是远近闻名，香火很盛。据嘉庆《介休县志》，兴隆寺在乾隆三十二年重修过。

可惜，日本侵略军占领时期，兴隆寺蒙受摧残，1950年代，被供销合作社占用，1991年所有房屋全部拆除，在它的基础上造了张壁小学。关于这座庙宇，我们只能听郑广根先生的介绍了。赖德霖博士在文稿里记述郑先生的话："兴隆寺原有影壁、山门、钟楼、中殿、正殿和东西廊庑。正殿面阔三间，进深两间，屋顶为青瓦硬山。正殿的东耳房为姑嫂殿，正像为姑，偏为嫂。西耳房为阎王殿，旁立判官、小鬼和牛头马面。"有中殿，便意味着庙为三进两院，这在张壁村是最大的庙了。我们测量了它的土台，南北长54米，大于可罕庙土台，是够造三进的庙宇了。我们请郑先生画了一份大概的平面配置图，他的图很出我们的意外，原来兴隆寺是两个院落，互相错开，不在一条轴线上。由南端进了三开间的山门（即天王殿）后是前院。东首有卷棚歇山顶的钟楼，北面是一堵墙，墙上有门。从前院西北角向西进第二道门，这门在正院东南角。正院北面是三开间正殿和左右耳房，即姑嫂殿和阎王殿。正殿中央坐着如来佛，左右配文殊和普贤。正院南面是五间倒座，应该是南禅堂。东西廊庑各三间，东廊庑的南端一间便是进正院的第二道门。这种错开前后进轴线的格局很不平常。因为龙街是由北而南的上坡路，所以兴隆寺的土台虽然北端和堡墙同高，而山门却大体和龙街持平了。天王殿前大约十米有照壁一座，现在是唯一的残存者。照壁之南是涝池的东半部，比较窄，涝池西部随兴隆寺南墙的后退而向北扩大，整个池子因此呈刀把形。它在1995年和龙街东侧的涝池同时被填平了。

往昔"诚冀南一胜概也"的古刹寺没有了，"有志登山迈岭"的

戏台（李玉祥　摄）

"散人逸士"也没有了，现今的"往来过客"并不知道过去可以"游憩于斯"，所以也不至于"靡不咨慨"。庙址上新建的小学校、青砖墙、玻璃窗，学生们活活泼泼，勤奋读书，也可以说"视前时不啻霄壤矣"了吧！

## 空王殿和三大士殿

　　北门青霭门的旧门洞深十四米多。在门洞之上，高5米的北堡墙墙头有一块东西长40米、南北宽14米多的平台。平台上并肩一字排开建了三座庙，最早建的是东边的空王殿，落成于万历四十一年（1613）（据万历四十一年《创建空王行祠碑记》），它是张壁村有史料可查的第三座庙。不过，万历三十三年《宽贤发愿碑》说，是"张壁村空王寺僧人……欲建古佛空王殿"，则在空王殿之前已经有了空王寺，不知这句

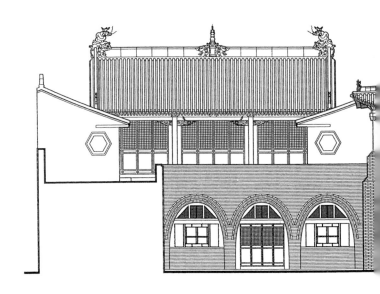

北门寺庙建筑群立面

话应该怎样理解。

空王佛的历史是民间神灵最典型的得道成佛史。《创建空王行祠碑记》说，"古佛系陕西凤翔府人，俗姓田氏，寄居在太原府榆次县原涡村"。他从小茹素，聪明过人。大了当里长，因褊护贫苦人而受责，辞亲为僧。寻师问道，辗转三年来到介休洪济寺。这以后就有了些小小的灵异，收了两个徒弟摩斯和银公，并且常常和"五龙"下棋。唐代贞观八年，天旱不雨，长安耆老来祈雨，空王命摩斯施雨。摩斯正在淘米，向西洒了三木勺泔水，长安便下了三天雨。唐太宗大悦，亲自来访，空王避不肯见，隐入绵山抱腹岩。从此民间便把他当作司雨水的神，把绵山云峰寺当作他的香火圣地。年年三月十七日空王圣诞，龙神都要聚会，各府州县人民也都来朝拜。

绵山四周都是旱地，农业靠雨水滋润，所以祀奉空王和河神、泉神的庙宇很多。张壁村空王殿为便利去绵山朝圣祈雨的香客而建。

空王殿不大，只有三开间，通面阔10米，进深6.6米，有前瞻廊，悬

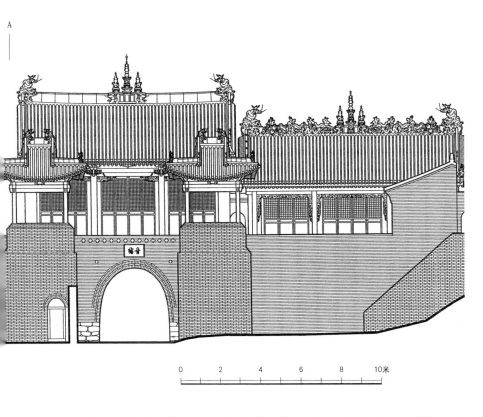

0　2　4　6　8　10米

山造，很简单。《创建空王行祠碑记》记述："内塑空王、摩斯、银公三圣，彩画金妆，壁绘如来功行。"如今塑像依旧，壁画是在绵山上风景和庙宇楼阁之间展开的空王修行和灵异故事。因为空王又称"空王如来"，则"如来功行"可能指空王功行，绵山风光便是他的修行环境。又据道光二十四年《重修二郎庙、空王殿、痘母宫记》说，"空王殿于二十三年像金妆之，壁彩绘之，缺略者继增之"，则也可能创建时画如来佛功行，这次重绘壁画的时候，变更了题材。庙小，位置又在堡墙上，地盘既狭窄，登临又不便，似乎并不能使"四方香客亦遇风雨而有赖"。

但空王殿的屋顶却是山西琉璃艺术的代表作。早在"文化大革命"之前空王殿就因为这些琉璃杰作而被定为省级文物保护单位，所以幸免于"破四旧"的浩劫。大难之后，更觉珍贵。它正脊两端的龙形鸱吻，高将近两米，曲身蓄势，似乎准备腾空而起。脊筒上有蓝、绿、黄、白的彩色琉璃做的仙出游龙翔凤，间以雷公电母，灵动在流云和鲜花之中。天际线上，左右各有四位骑马武士，举弓扬刀，往来疾驰，虎虎生风。正中的"三山聚顶"，脊刹为一座两层楼阁，阁内设龛置佛像。阁之上由仰覆莲、华盖及一串宝珠组成刹杆，总高大约2.8米。脊刹左右各立一牌，东侧的题施银善人和琉璃匠人姓名，并书"万历四十一年三月十五日吉旦"字样。西侧的书"皇帝万岁万岁万万岁"。牌上置基座，上立麒麟，驮着宝瓶。这种"三山聚顶"，在山西各地很普遍，小小山村的庙宇上都有，张壁村至少有空王殿、真武庙、二郎庙、可罕庙、西方圣境殿几处，可惜原物只剩下空王殿的了，其余都在"文化大革命"中被毁。西方圣境殿的是近年重建的，关帝庙献殿抱厦上只有一串宝珠，也是新配。所幸的是空王殿的这一套最古老也最精致。空王殿前廊两端各有一块琉璃碑：西端的叫《宽贤发愿碑》，万历三十三年（1605）制；东端的叫《创建空王行祠碑》，立于万历四十一年（1613）。碑身是珍贵的孔雀蓝色，碑额的螭首为黄色，底座是瓜皮条釉。碑文用黑釉书写。它们高225厘米，宽68厘米。直到目前，全国都还没有再发现这样的琉璃碑。

山西一向以产琉璃制品出名。介休县洪山镇在1979年出土过一块石碑，正面刻《大唐贞元十一年（795）法兴寺界限碑》，有"西至琉璃寺，北至石佛脚"的记载。背面刻《天会十四年（970）洪山寺重修佛殿记》[①]，说佛殿"椽铺玳瑁，瓦梵琉璃"，可见介休在建筑中使用琉璃是由来已久了。

空王殿屋顶是悬山造，垂脊也多装饰，脊端有一位绿琉璃的武士像，勇猛异常。据山西农村多有的故事说，当年姜太公辅佐周文王灭了商纣之后，大封诸神，唯独自己不称神，而在农家房顶上造了一座茅寮住下，为平民百姓守护平安。姜老太太有点儿私心，赶紧招来外孙，叫他去向姜太公讨封。太公一见，说，来得好，帮我去保障百姓，便派他立在屋角，严防各种祸祟侵入民宅。这便是屋脊中央的楼阁和屋角武士的由来。百姓怕姜太公年事太高，受不了风吹雨淋，给他造了楼阁，不过未免太华丽了一些。屋角上站着的是他的外孙，年轻人身强力壮，不

---

① 天会为五代北汉国刘继元年号。

怕风雨。这故事歌颂了不居功不自傲、热爱平民、为平民办好事的人，千百年流传了下来，故事里凝聚着小小平民百姓多么深切的渴望。

和空王殿大致对称，青霭门上平台的西头是三大士殿，也是三开间，有前檐廊，面阔进深和空王殿相同。中梁（即脊檩）下墨书题字"大清康熙三十一年"上梁大吉，这一年是1692年，也有三百年历史了。它比空王殿多两间耳房和两间偏殿，东耳房是长老住所，西耳房是尊经阁，藏经用的，可惜两间耳房都塌了。偏殿东西各一间，是僧人受戒的地方，现在垒着火炕，我们中一个人就住在东偏殿里。三间正殿已经被张壁小学改为教师会议室，内部完全失去了原样，好在外形没有变动。据郑广根先生说，本来中央有南海观音菩萨像，骑羊；右边为文殊菩萨，骑青狮；左边则为骑白象的普贤菩萨。三大士殿前小院的西南角，有一条高架路越过户家园巷通到兴隆寺前院的后门。殿之下则有三孔砖窑，住僧人，叫僧窑。窑前有院，院前有青砖照壁，制作很精。院西侧有梯级可以登上平台到达庙前，院东侧有几间小房，是厨房斋堂。

空王殿、西方圣境殿和三大士殿都创建在明末或者清初，比较早，它们的形制和平面尺寸相同，都用悬山顶，屋坡平缓，柱高不及3米，小于明间面洞。乾隆以后，柱子高度就增加了。

## 二郎庙 · "痘母宫" · 北门

张壁村人也迷信风水术数。风水影响最明显的是建造北门外的二郎庙和改造北门本身。

张壁村的地势南高北低，南北高差竟达十三米多，而且正中的龙街直冲北门门洞，去水直泻，这很不符合风水术所要求的"蓄积"。所以，至迟在乾隆八年（1743）之前，在北门之外33.5米，正对着原北门门洞，造了一座二郎庙，作为屏蔽，以加强北面的"闭锁"。堪舆家说，幸而有了这座二郎庙，张壁村才成了富庶之乡。但堪舆家又建议:"倘此庙而再高数仞,则藏风敛气而兴发是村者当更不知其何如盛也。"于是,村人又纷纷施财,并到南方募化,改造了二郎庙。"旧殿改砌砖窑五眼,窑上新盖正殿三楹,祀以二郎尊神。"(均见乾隆十一年《本村重建二郎庙碑记》)砖窑五眼,实际上是为三间正殿抬起了一个将近6米高的平台。这平台东西长24米,南北深8米。上平台的阶级在东侧山墙外,阶级前有个砖门,门额草书"别有天"三个字。三间正殿的形制、大小和空王殿等相仿。硬山顶子,总面阔不过10.6米,进深5.7米,有前檐廊。特别引起我们兴趣的是,它的正脊高13.5米,恰好大致与南门地面持平。正殿明间中梁底面的题字是"时大清乾隆捌年岁次癸亥闰四月戊午十八日辛未午时上梁大吉大利",并且画了一个坤卦符号。坤卦常见于这种位置,因为它意味着"水",中国建筑大多是木结构的,防火是第一等重要大事。

二郎神是道教的神,关于他有好几种传说,比较普通的是说他本名杨戬,是玉皇大帝外甥,香火地在四川岷江上的灌江口,主管水。民间常常敬他为保护神。殿内中央塑二郎神立像,持方天戟,但脚下却没有杨戬不可离须臾的哮天犬,额上没有立眼。这就引起了后人的疑惑,于是编出了一则故事,说二郎庙最初创建于后汉(947—950),当时的皇帝是刘暠(就是刘知远),他弟弟刘旻图位,在介休张壁一带活动。属下私自给他造庙立像,刘暠闻讯,派人访查,部属谎称是二郎庙,塑像脚下已经来不及加哮天犬,只好把它放在脚前,匆忙中忘了在额前加一只立眼。墙上的二十四孝图与主题相去很远,也来不及改绘了。[①]这种故事和刘武周的故事一样,无从考证,只能供谈助而已。不过,刘旻本名崇,951年被契丹册封为"大汉神武皇帝",那么,他是不是也可能是可罕庙的祀主呢?

乾隆八年二郎庙上梁之后,立即在它的对面,背靠北城门,着手建造戏台,当地叫乐楼。为了造戏台,先在北门外造了一个"丁字门",它有一个东西向的拱门,紧贴在北门外,向东开门洞,叫新庆门,同时

① 现在的壁画是近年新描过的。

又有一个南北向的拱门，延续原来的北堡门。戏台的后半就压在这个"丁字门"上，另一半向北凸出。它三开间，总面阔10米，进深6.6米，硬山造，和可罕庙戏台一样，没有后台。被延续的堡门就开在戏台下的正面，它同时也是二郎庙大门。[①]据戏台中梁底面题字，于乾隆十年上梁。

二郎庙正殿改建并新建戏台之后，乾隆十一年（1746）《本村重建二郎庙碑记》说："近闻风鉴之至其地者，见其人民辐辏，物阜财丰，辄羡其为富庶之乡，而不复惜其形势之南高北低也。"而且把"北庙与南庙互相掩映"，作为得意之笔。

但是村人并不十分满意，起意改建，"历有年矣！"先是在嘉庆年间又在北门门洞之上造了真武庙，进一步加强屏蔽，并且仍然认为"二郎庙山门直冲村南，不若改建艮方更多停蓄"。于是，道光五年（1825），张礼维等人起意修理，立簿捐输，封闭了穿过戏台下的门洞，"于北门外旧山门东边新建山门三间"，山门东侧再建门窑一间。这座新山门为三开间，前后有檐廊，中间只隔一片墙，在明间开门，所以，比起从戏台下穿行来，"视前更觉巍焕"。可惜这座山门现在已经被拆除。"又因北门外水道一条，直行东注，堪舆谓不若仍旧水向东南，于阖村大有回护。因改渠挡堰，水归东南焉。"（均见道光十一年《重建奎楼山门碑记》）道光二十年，又把二郎庙维修了一遍，造了一堵照壁，可能是正对新山门的那一堵。（见道光二十四年《重修二郎庙、空王殿、痘母宫碑记》）

现在的二郎庙，东侧虽有厢房六间，院子显得很空旷。郑广根先生带我们在现场指点说，原来没有厢房，但左右有屏墙，并且找到了地面的遗迹。我们测量了一番，从正殿到戏台，南北长24米，在正殿前6米，有一道空花砖墙。左右屏墙之间相距23米。郑先生说，演戏的时候，正中临时立起隔栅，左半院是男观众，右半院是女观众，不得羼杂。

---

① 戏台台面高于门洞地面4.2米，高于台前二郎庙院内地面2.2米，城门洞高为3.6米，现在很难设想当年门洞怎样开在戏台之下正面。

左右屏墙之外，各有一个侧院，都是10米宽。厨窑、厕窑、牲口窑、杂物窑等配置在侧院里。

二郎庙的戏台和可罕庙的戏台一样，都没有专设的后台。郑广根先生说，本地方唱戏，通常不过是简单的没有伴奏的秧歌戏，土话叫"哼嗨嘿呵调"，唱些《灯棚失子》之类的老故事。关帝庙的山门乐楼则主演皮影戏。每年秋后，各村年轻人练一冬天的秧歌、高跷和龙灯，到正月初五汇集，轮流到各村演出，叫"祭西"①，正月二十八轮到张壁村。七月初八是给可罕庙"献盘子"的日子，人们争先恐后在可罕庙正殿前月台上放一盘"炸货"，即油炸的食品，同日演大戏，常年演一天，隔五年连演三天。不过，我们在二郎庙戏台侧墙上隐隐约约见到一些墨迹，依稀可辨约有两处，一处是同治十三年（1874）三月十四日山西省汾州府介休县城和盛班"到此一乐也"，戏码很丰富，有《回头关》《八义图》《对银杯》《回荆州》《春秋配》等十二出。另一处是光绪十二年（1886）四月初二德盛班的戏码，有《金沙滩》《富贵图》《龙凤配》《法门寺》等十二出。这两次的演出都是大戏，可见除了过年和"献盘子"的日子外，偶然也会有大戏演出。和盛班在三月来张壁，那正是农忙季节，好在只演一天，想来也不致误了农事，或许正是大忙中有益的调剂。

二郎庙正殿二层平台东北，正对着登临正殿平台的大台阶，有一座小小的仿佛影壁式的小庙，高不过4.2米，宽2.8米，深度很小，只有1.8米。龛里面二层莲瓣座上盘腿端坐着一位雍容安详、满面洋溢着仁慈光辉的妇女塑像，双手平举在胸前，托着一盘豆子。她是痘花娘娘，小庙叫痘母宫。"痘花"便是天花或麻疹。天花是一种很凶恶的传染病，在接种预防法发明之前，得病的不是死亡就是留下残疾，最轻的也会成为麻子，那时候，除了吃一些草药之外，最大的希望就寄托在痘花娘娘的爱心上，民间艺人妆鉴工匠在塑造她的法相圣容的时候，便把对她的无

---

① "祭西"，不知是什么意思。张壁风俗，以西为上，住户堂屋里，祖先神主都靠西墙而不在正面。这风俗的来历和意义已没有人知道，或许和少数民族有关。

限信任依赖之情倾注上去了。她至少能给患者和他们的亲人一些宽慰。麻疹和天花主要在少年儿童中流行，所以痘花娘娘神龛上的横匾刻的是"佑启我后"四个字。

痘母宫造在二郎庙正殿砖窑之上的平台上，它只可能创建于乾隆八年前后。到道光二十年（1840）"仍其故址扩而充之"（见道光二十四年《重修二郎庙、空王殿、痘母宫碑记》）。现在的痘母宫是近年照原样重建的。

## 真武庙

乾隆年间改建了二郎庙之后，村民们对张壁村"南高北低，去脉颇促"的风水缺陷仍然很不放心。问题恰恰在于"北庙与南庙相互掩映"。这种局势，一是由于"二郎庙山门直冲村南"，一是北门上空王殿和三大士殿之间还有一个阙口，没有封上。于是，在道光十一年（1831）改建二郎庙山门之前，首先在阙口处，也就是北门门洞的正上方，造了一座真武庙。从它的明间中梁底面题字上，可以看出它建于嘉庆十三年（1808）。完成了这两项工程之后，张壁村风水的改造才算圆满完成。

真武本来叫玄武，它的来历和神性众说纷纭，但以《重修纬书集成》卷六《河图帝览嬉》说的"镇北方，主风雨"为基调，它是北方之神，风雨之神，也就是水神。《抱朴子·杂应》里描述老子形象的时候，左有青龙，右有白虎，前有朱雀，后有玄武。于是青龙、白虎、朱雀、玄武合称四象或者四灵，并且被搬到风水堪舆的术数中来。宋人赵彦卫《云麓漫钞》卷九里说："祥符（宋真宗年号）间避圣祖讳，始改玄武为真武。"中国各地都以木材为主要建筑材料，火灾是第一大患，阿房宫的楚人一炬，给历代的统治者以极深的印象。靠屋脊上的鸱吻来禳火，毕竟神性还不够，于是，真宗封管水的真武为"真武灵应真君"，从此它地位高出于其他三灵，而成为人格神。明成祖进一步封他为"北极镇天真武玄天上帝"。明清两代，在全国各地，包括紫禁城和各衙门中，普遍供奉真武大帝。城市和村落，大多在北侧造真武庙，因为它是北方之神。而且中国建筑多以朝南为正向，北方正好在"后"面，合于四灵的位置。于是，张壁村在北门门洞之上造真武庙是理所当然的事。当初造空王殿和二大士殿的时候，偏在两侧，无疑正是虚位以待。

真武庙也是三开间，硬山造，通面阔10米，进深6.6米，有前檐廊，和空王殿、三大士殿，以及和它背靠背的二郎庙戏台都一样。但它的柱高为3.7米，比左右的庙宇高出将近一米，显得它的地位非同一般。而且它的屋脊上也有琉璃的装饰、鸱吻和"三山聚顶"。在它的前面，城门洞两侧，从地面起砌出了5米高的两个凸出体，它们上面造了钟楼和鼓楼，都是歇山顶四柱亭子模样。它们映衬着真武庙的高大，而且给它添加了一个空间层次，更突出了真武庙的重要。北堡墙和北门洞也在这时重新衬砌大块青砖。从龙街上望去，北门和它上面这一大组庙宇，有进退，有虚实，构图有中心，对比明确，色彩斑斓。它和三百米之外的南门庙宇群遥遥相对，彼此呼应，构成少有的村落景观。可惜真武庙脊上琉璃装饰在"文化大革命"中被砸毁了，不免使整个建筑群逊色。

不知在什么时候，北门内龙街东侧造了一座天地堂。虽然是三开间，总面阔却只有5米。

道光十一年的《重建奎楼、山门碑记》一开头就满意地说："吾乡接南山一带之脉最真……第急脉缓受，地势宜然，而吾乡南高北低，去脉颇促，赖有北门真武庙、二郎庙为一村锁钥，于以藏风聚水，前人之建立诚然也。"风水之说虽是诳语，但一个小小的山村有这样的建筑成就，真值得骄傲。

真武庙里塑真武大帝像。《云麓漫钞》卷九说，真武是"被发黑衣，仗剑踏龟蛇"，这是他的标准像，但在这里龟蛇却侍立两侧。墙上的壁画描绘的是真武修行成道过程。

北门门洞在道光十一年工程中经过整修，在南面正对龙街的洞口上方嵌了一块石匾额，题名"青霭"，纪年戊辰，是嘉庆十三年，和真武庙同时。门洞呈抛物线形，底宽3.6米，高3.7米，轮廓很雅致秀气。

## 吕祖阁和瓮城城门

吕祖阁是张壁村最后建造的庙宇。

建造二郎庙戏台的时候，先造了一个"丁字门"，便是贴原有北门外侧造了两个拱，一个延长北门门洞正对二郎庙，而另一个横过来，东西方向，东口叫"新庆门"，为的是把进出北门的人流和水流都引向东，不致穿过二郎庙。新庆门题额上的纪年是乾隆乙丑年（1745），即造戏台那一年。

过了大约70年，在二郎庙新山门以东的地方造了一座向东的城门，距离新庆门18米。它东口上的石匾题名"德星聚"，纪年为嘉庆己卯年（1819），西口题名"熙春"，纪年早一些，是嘉庆丙子年（1816），纪年可能标志着衬砌青砖的完成日期。由这道城门推测，嘉庆年间建造了环绕二郎庙东、北两面的瓮城城墙。在以后的几篇碑记里，把熙春门也叫"北门"，因此造成了叙事混乱。例如，道光二十四年《重修二郎庙、空王殿、痘母宫碑记》说"北门内门房重修，更房新立"，就很难判明是在哪个门内了。

道光十一年的《重建奎楼山门记》里载，当年和地藏堂、眼光殿、龙神庙、村北水口影壁等一起造了一座吕祖阁，没有说吕祖阁造在哪里。光绪三年（1877）的《重修吕祖阁碑记》则说"余村北门楼顶有吕祖焉"，这个北门便是熙春门。这篇碑记又说"然规模狭隘，似不堪妥神灵而昭祀典"。于是，又出疏募化，得了二百多两银子，放债15年，子母一共三百多两，把150两利息捐给了义学作为塾师脩金，到光绪二年动工重建吕祖阁，两个月就完工了。阁坐东向西，很小，硬山式，整个三间面阔只有7.4米，而且内部空间实际只有当心一间，两侧都是2.5米的厚墙。紧贴吕祖阁南山墙有4米左右高的台阶上到阁东的平台上，伸手便可以摸到瓦檐。这里城墙高达9米，平台上可以俯视德星聚城门口，很利于防御。吕祖阁两山墙很厚，大概就是为了防御贼寇的进攻，特别是利于防火攻。

吕祖就是吕洞宾，八仙之一，道教奉他为"纯阳祖师"，地位很高。他和地藏菩萨一样，曾经发大誓愿道："必须度尽天下众生，方愿上升也。"关于他的神话故事流传广泛，虽然神异，但都很有人情味。吕祖"济度苍生"的措施之一便是以灵签药方救世，道士们伪托"吕祖药方"骗人，在山西省很盛。张壁村人大概也曾经向他烧香叩头祈求治病救人。不过，中国农村的神虽然各有所司，却又往往不严格分工，他们的职守是"有求必应"，什么事都管。

道光十五年的《重修仪仗补修彩绘碑记》里写道："本年闰六，北门外堡墙塌毁，阔三丈，高四丈，厚七尺。余等经营而补筑焉。"这里说的北门也是熙春门，门外北堡墙上修的痕迹还清晰可辨。

堡门（李玉祥 摄）

# 深巷中的人家

　　宽阔的龙街和它两头的建筑群，对一个小小的山村来说，够得上堂皇了。香烟起时，缭绕全村。当年来回于介休和绵山之间的香客们，不能不记得这个村落。我们到张壁村以前两三天，县政府的官儿们刚刚到这里来召开过一个什么大会，从真武庙到西方圣境殿，一路上密密麻麻扯起了彩绳，绳上挂满三角形的纸旗，有红的、黄的，也有绿的，龙街被罩在缤纷的网络下，喜气洋洋。

## 家是堡垒

　　我们在这条龙街上从南走到北，又从北走到南，天天走，一天走几趟，越走越觉得异样。这条街仿佛是只为外乡人穿过张壁村而辟的。除了在兴隆寺旧址上建造的小学校和一家常常在大白天关闭的小店之外，竟没有一座建筑物向龙街开门。左右看到的只有巷子口，其中还有三个有巷门把守。有些村民告诉我们，老辈传说，本来每个巷口有门。不过既然现在没有了痕迹，我们也只好姑妄听之了。贾家巷的巷门永春楼上有一间小屋，面对巷子的是棂花格子的木构正面，对龙街的一面却是青砖的后檐墙。虽然小屋已经十分颓败，我们上去测绘，都要踮着脚尖小心翼翼，但它仍然显得很有防御性。西场巷巷门

"凝秀"门门洞里的石碑上，也强调巷门的防御功能。永春门北侧，龙街西边有两孔更窑，北门里和南门里也各有一孔更窑，都是给保安人员住宿用的。

一方面欢迎香客路过张壁村，一方面又严加防范，张壁村的布局就是这么一副矛盾性格。

在如此重重设防严密保卫之下的住宅区和住宅又是怎么样的呢？要看看张壁村的住宅，就得走进一条条巷子里去。我们在浙江省的楠溪江中游见过许多用大石块垒起来的寨墙包围着的村落，那些村落对外防护坚固，因此村内的房子就很坦然，性格外向，连院墙都不一定有。我们在安徽、江西见过许多村落，它们没有寨墙而家家设防，住宅用高高的砖墙护卫起来，看上去虽然教人压抑，但它们外墙面抹白灰，有些造型活泼的小窗洞点缀，外面的户门也精雕细刻，墙头上山花跌宕跳动，还多少有点生气，有点宁静安逸的感觉。张壁村外有堡墙，巷子里却能看到许多堡垒式的宅院。宅院的外形四四方方，墙很高，一般在7米上下，极其单调，裸露着青砖，墙上连一个小气孔都没有，宅门很朴素，大多凹进去一点。龙街西侧的几个巷子里，大宅院多一点，看上去格外森严。这种住宅，在晋中很普遍，不过在堡墙之内，深巷之中，更显得阴沉，和两个快快活活的庙宇群形成强烈的对比。

## 合院模式

这种宅院的形制其实很简单，和全国各地一样，大多是四合院，少数三合院。在人口众多、房屋密集的聚落里，内向的合院是最节约土地而又最能保持居住秘密性的住宅形制。四合院的房基地南北长30米左右，东西宽十几米，长度大约接近宽度的两倍。正房三开间，没有耳房。厢房也是三开间，后檐墙和正房的山墙齐平，倒座也是三开间，不过开间面阔比正房小，所以在西南端可以有一小条空间作厕所，东南端开宅门。少数在正中开宅门。倒座的山墙也和厢房后檐墙齐平。宅院大

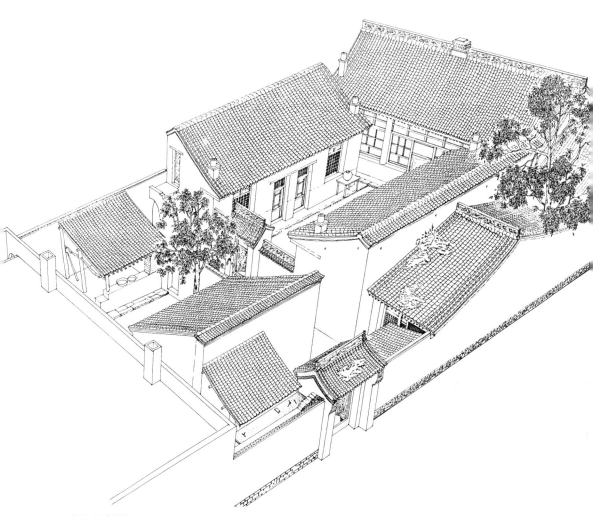

张家侧院轴测

多没有附属的辅助房屋，所以它们的外墙是个很方正的矩形，四边四角
斩裁整齐。①正房是砖窑，一明两暗，高度比较大，多数用平顶。窑前
有木结构的披檐和檐廊，木雕装饰精致而丰富。两厢和倒座用砖木混合
结构，抬梁式屋架，高为一层半，即有很矮的阁楼层。用向院子倾斜的
单坡屋顶，因此外墙直抵屋脊，高近7米。这三面高墙和正房的山墙交
圈，又没有窗子，就使宅院像一座堡垒了。把外墙弄得这么高，显然是
为了加强防御，而不是为了"四水归堂"，因为"四水归堂"可以用象
征性的处理，像正房那样加一个披檐就行了。

　　张壁村的宅院所以要如此强的防御性，大概和村子内部的社会分

――――――――――
① 这种外形为整齐的矩形的住宅，在浙江省兰溪市诸葛村被称为"棺材屋"，是
　　"凶宅"。

住宅门楼（李玉祥 摄）

化有关。在这个杂姓村子里，社会分化所造成的尖锐对立，不像南方血缘村落里可以借助宗族的力量加以调适、缓和或掩盖。张壁村宅院的分布，大致看出是西富东贫，而不是按家族、房派等因素聚集，就是一个明显的信号。

正房采用砖窑，重要目的之一是利用它的牢靠的平顶作晒场。我们在村里的时候，正好是秋收之后，家家的平屋顶上晾着大堆大堆金灿灿的玉茭①。目的之二是有需要和可能的时候，在平顶上再造二层的房屋，就像二郎庙那样。张壁村现在没有楼房，但经我们调查，至少有四座宅院过去正房窑上有过楼房。楼梯设在厢房北山墙和正房之间的夹缝里，用砖砌。通常是东边的一个先沿厢房北山墙登上半程，正好是厢房阁楼的高度，有门可以进去，然后折直角沿正房山墙再登半程到正房的平顶上。西边的一个楼梯只登半程进西厢房的阁楼去。倒座的阁楼则用活动梯子攀登。有少数住宅，倒座也用砖窑，上面造二层，这时便有固定的楼梯，通常在东端有一个很窄的楼梯间。

厢房北山墙和正房之间，除了造楼梯之外，便用来作夏季厨房和堆放煤块等杂物。两厢和倒座的阁楼也堆放杂物，倒座三间则是粮仓和家庭手工业的场所。所以，这种四合院不需要像南方住宅那么大的附属辅助房屋。

因为正房只有三间而没有耳房，两厢的后檐墙和正房及倒座的山墙拉齐，所以，院落南北长而东西很窄。这种窄长的院落的形成固然和宅院防御要求有关，也和山西的气候有关。从深秋到早春，几个月时间，晋中都多朔风怒号的天气，院落狭窄，利于避风。山西多煤，一冬取暖全靠燃煤，人都窝在室内，并不看重阳光。到夏天，狭长院子又多阴凉。

院落地面都铺方砖，不种树木。种了树院内会太阴。

四合院不建倒座便是三合院，以从中央进宅门的为多。

张壁村的四合院和三合院，外观虽然封闭阴沉，院内却很多装饰。

---

① 即玉蜀黍。

正房、两厢和倒座的前檐都有精细的小木装修，尤其是正房三孔窑洞前的披檐檐廊上。从小巷走进宅院，也就是从一个近于粗粝的环境走进一个近于华丽的环境，从一个严防深拒的环境走进一个亲切平和的环境，一种家的感觉油然暖上心头。这座堡垒便是自己的家，有了安全感，便也有了依恋感。不过，这样的建筑环境，恐怕也会培育出一种怯于外向开拓而惯于因循保守的心理惰性。

质量比较高而且至今保存得很完整的四合院大多在村子西半部，西场巷贾田荣家是这种宅院的代表。三合院典型的代表是贾家巷的"清宁堂"。它前面有一个不宽的前院，院门在东面。对着院门，前院的另一端，有一间客房，这做法很像江西省婺源县的农村住宅，是为了区分内外，减少外客进宅院的机会的。宅门在正中，迎着宅门，前院墙上做了一方照壁，照壁正中嵌一块石板，浮雕好大一个"福"字。全村只有这一个福字是用石板雕刻的，这座清宁堂就被村人叫作"石福院"。院里住着一个年轻小伙子，结婚不久，成天什么事都不干，只骑着一辆漂亮的大摩托车各处游逛。村人们说，他所以能娶到漂亮的导游小姐当婆姨，不仅因为家里有人当干部，更因为占有这座宅院的一半。

## 大型宅院

张壁村的大型住宅都是由通常的四合院或三合院组成的，而且大都是并联，由厢房山墙外侧的小门连通，所以，大型住宅的内部空间尺度并不大，保持着四合院里亲切平和的气氛。不过它们沿巷子的正房和倒座的后檐墙的长度却成倍增加了，从而给予巷子更大的压抑感。由于西半村的大住宅多，东半村少而且多已经破败，所以西半村的景观风貌就比东半村闭塞一些，虽然也整齐一些。

不过张壁村并没有真正的大型住宅，像晋中"大院"那样。

纵深两进院落的，只有西场巷十七号的一幢，它不过是在四合院倒座外又加了东西两座三开间的厢房，把倒座变成了前后格扇门的过厅。过厅和外厢已经失火焚毁，只剩下一片空基。这座房子又一个特点是正房的三孔砖窑都分前后间。从东侧窑洞后壁上的一个假柜子门可以进入后部，后部三间有门横向连通，东间有地道入口，西间有门开向一座大花园。窑顶平台上本来有三间楼房，被拆掉了。大东巷二十四号有前后两个院子，不过在它们中间横一条内部的小巷，前后院没有统一的完整性。小巷东头是大门，门额上题"孚嘉"两个字，是乾隆丙申年（1776）的。

稍大一点的宅子，由并立的内宅和外宅组成，如户家园巷的宋桂兰宅。它原来是张姓商人在清代末年造的，内宅是一般的四合院，外宅很窄，宽度不到8米，小于内宅将近5米，但有前后两进院子，中间由过厅分隔，前后都没有厢房，总进深30米，大于内宅2.5米。从外宅进内宅的门设在内宅东厢房山墙与倒座之间。外宅是专用于接待宾客的，避免宾客进入内宅，以严"内外之防"的"礼"。殷实大户人家的妇女就在"尊贵"的借口下被禁锢起来，与世隔绝。外宅最后的正房没有造起来就因主人败落而停工了，后来草草搭了一座厨房。内宅的西面有一座二百五十多平方米的花园，园里不但有树，还可以见到水池的痕迹。内宅的正房是木结构的，这在村里不多见。它的内、外宅小木装修是全村最精致华丽的，内宅正房和外宅过厅的前檐开间都有雕花的挂落，檐下也有"翘板"，镂空作花巧的双喜字。厢房里用很典雅的格扇分隔，石门槛上的浮雕也很饱满。这座宅子的原主人中途败落，以后的主人，先是买来的，后是土地改革时分到的，不是无后便是不幸横死，村人背后便把它叫作"凶宅"。有个风水说法是："庙前穷，庙后富，庙左庙右出寡妇。"它紧靠在三大士殿的高台西侧，是庙右的位置。内宅倒座的主人因此在1982年把它拆掉，拿木材和砖头到村外造新房子去了。正房的主人宋桂兰是小学教师，长年不来居住，大门上总是挂着一把生锈了的黑锁。村支书每天早晨都要用大广播喇叭向全村各种人发表训话，我们托他把宋老师请来，进去考察、照相、测绘，还尽可能给内宅倒座画了复原图，忙了好几天。

从"凶宅"向西走不远，巷子南边有一幢更大一些的宅子，它包括四大部分，中央是狭长的外宅，也是被过厅分为前后院，现在所有房舍都已经塌毁，只剩下一地的断砖残瓦和衰草了。它的东侧是四合院式的内宅，虽然在巷子南边，却仍旧坐北向南，以北房为正房，因此从外宅进东内宅去的门便设在正房和西厢房之间。外宅的西侧是一座三合院，却是坐南向北，正房在南，很少见。三合院和外宅之间的门在正房与东厢房之间，位于外宅过厅的后面。不过，这三合院有自己独立的大门，与外宅门位于一条直线上，而且门外有一堵精致的照壁。正房里住着一位苏师傅，会拉胡琴，会吹唢呐，也会打锣鼓铙钹，村里村外，有红白喜事，总少不了他。也知道些造房子的事，不过常常喝醉酒，我们没有能多请教。四合院的东侧是这座大宅的车马院，临巷子开一个宽阔的券门，抛物线形的外廓很柔和。这座大宅是兄弟二人合力建造的，共用一个外宅，体现着亲情。

街西靳家巷口北边有一座大宅，并肩两个院落，一个临巷子开门，另一个套在里面，现在已经凌乱不堪，看不清原貌了。

张壁村最大的住宅是乾隆晚期直到道光年间的大商人、乡土建设的热心人士张礼维的。这宅子坐落在贾家巷里，与贾家祠堂为邻。它包含8个院落，6个在巷子北侧，两个在南侧。北侧的6个，4个在前，前贴贾家巷，后贴王家巷；两个在后的院落，已经把王家巷逼出一个大弯来了。它的整个房基，东西最宽处大约58米，南北最长处大约59米。第七、第八个院子在巷子南侧，一个是书房院，一个是骡马院，现在旧房都已经倒塌，两个院子也连成了一片菜地，幸好院墙还完整存在。开一个车马出入的大券门和一个书院的石库门。巷子北侧的6个院落，分开来看，每个院落都不特别大，保持着常用的尺度。

张家大宅的正门是全村独一无二的府第式大门，三开间，有前廊，廊前石阶宽阔，左右有上马石，上马石正面竟雕着衔环的饕餮。三间大门的宽度是压缩了的，它左右各有一条狭窄的空间，东边的一条是平日进出大宅用的过道，西边一条是厕所。进了门便是外宅。外宅比较窄，不过12米宽，但有39.6米深。三开间的过厅把它分为前后院，后院正房也是三开间。前后院都有厢房，前院的是两开间，后院的只有一开间。可惜过厅、正房和后院两厢都已经拆光，在原地造了一幢新房子。从残存的台明、石级、垂带和丢在一边的几个柱础来看，过厅和正房都是十分考究的，手工很精细。

外宅的东侧是长工院，它的北部是个三合院，左右厢房各三间，院落南缘有短墙和随墙门。门外是个场院，前面有通行车马的大券洞门。长工院南北总长45米，东西宽15米。从外宅东厢房南山墙前有小门可连通长工院。

外宅的西侧是内宅，它总深33米，总宽15米。正房三孔砖窑，有楼层。两厢各三间。倒座也是三孔砖窑，也有楼层，东端留一条窄窄的空间，用作贮藏，西端是个楼梯。正房的三孔窑有点特别，从西而东，一孔比一孔进深大，以致后墙是斜的，甚至把它后面一个院落也逼成了朝向东南。这个斜向院落，据说是小姐们专用的。内宅西侧是个宽大的场院，有碾子、石磨之类的农具和畜禽的棚舍，北端有三间向阳的房子，这场院东西宽12米，南北长25米，南面也开大券门，车马可以出入。场院之后，小姐院西边，又是一个小一点的场院。它东侧原有三间砖瓦房，坐东向西，现在已经经过改造，在北侧造了一溜新房。院门位置也从南墙改到了西墙。

书院和车马院的基址，东西长32米，南北宽18米。西边和南边都被西场巷高地的断坎限定，西边断坎下有两孔靠崖窑，窑南一溜砖台阶走到断坎上，据那里的居民说，上面的空地本来也是张礼维家的房基地。

这座大型住宅分成几个小院，保证了正常的生活需要而不过分追求气派，看来商人们是很懂得务实的。唯一气派的是三开间府第式大门，它东侧有一口公用的井。

贾家巷里的住宅，规模大，质量好，又有首富张礼维的大院，这是全村最重要的巷子，是红砂石板铺得最整齐也保存得最好的巷子。巷口的永春楼也是全村独一无二的。永春楼西门口上的石匾刻着"联辉"两个字。出钱修葺的张礼维大约很懂得睦邻的重要性。

稍稍晚于张礼维几年的大商人，也是乡土建设热心人贾田荣的住宅在西场巷，这是两座相邻的四合院，前后错开，互相独立，而且不是同时建造的，西面的一座靠前，由贾田荣重建过，但大门是旧的。东面的一座错后，门前有井。

## 农家小院

张壁村有不少农家院落，它们是全村最开朗、最有生活气息的住宅。农家院落大多在东半区和西区的边缘地带。它们的围墙不高，是夯土的，斑斑驳驳，有点老旧。一个小小院门，门板上木纹一根根像雕刻一样凸出。为了防鸡、羊跑出来，门总是用铁链儿吊着的小闩子别住。不论到哪一家，轻轻把门一推，吱呀一声，就有了一道缝，伸手从门缝拔掉小闩子，推开门，我们就进了院子。再返身把门掩上，插上小闩子，便可以随意工作了。照相、测绘，忙着忙着，肩上被人一拍，赶紧回头，原来是房主人端着一碗煮红苕①，招呼我们趁热快吃。他或许是从外面回来了，或许本来就在家里，不声不响给我们准备了吃的。院子种几棵梨树或山楂树，树枝树杈上一串串挂满了玉米棒子，金灿灿的，比春季的姹紫嫣红更加富丽。玉米秸堆积得遮住了牲口棚，留着慢慢铡碎了喂牲口。沿院墙用碎砖头垒着一个又一个的小天地，养着鸡和羊，猪不像南方那样多。驴子拴在梨树下休息，棚子里有它的槽头，草料早已备足。小东巷有几家的老山羊跟我们熟了，每次见到我们进院，都把前蹄搭上小墙头，咩咩叫着跟我们打招呼。

穿过这个生气勃勃的前院，就会来到很简朴的住宅前面。有的是一正两厢，前面一道照壁，或者横一道短墙，成个三合院模样。有的不过一正一厢，厢房多不大整齐。也有几家，只有三两孔土坯窑。小东巷十号，三合院的门头上木匾题着"宝善"二字，竟是乾隆丙午年

---

① 山西人把甘薯叫红苕。

（1786）的。

土坯窑是用土坯砌成的锢窑，形成不大的土包，年代长了，外观和靠崖窑很像。因为长期挖土改造，现存的靠崖窑也只剩下一个土包了。土坯锢窑顶上大多有木头的横梁和纵梁，加强窑顶的安全。小东巷的一家靠崖窑，两孔，里面空间居然相当曲折复杂。两位老人坐在土炕上看一个小小的黑白电视机，图像不大清楚，他们并不在乎，在乎的是老哥儿们边抽烟边哼哼哈哈聊几句的那种感情生活。我们问他们，为什么还住在土窑里，他们只嘿嘿地笑，不回答。

农家小院的住屋前，地面并不铺砖，全裸黄土。屋院南端，贴近墙根，挖一个三四米深的竖穴，作为菜窖，可以长期贮存白菜、萝卜和红苕，也有些人家挖两个窑，把红苕和菜蔬分开。

## 室内

四合院里，正房和倒座，一般都是一明两暗。厢房如果有三间，通常也是一明两暗，但并不一定，分隔位置常常和结构排架没有关系，相当自由。有一种叫"三破二"，便是三间构架的厢房分为两间房间。因为厢房进深小，面积很窄的缘故。

正房的两个里间是卧室，靠南窗砌火炕，叫前炕，占整个房间的宽度。在炕沿的里角，便是挨着山墙，有一个方形的灶台，天冷的时候，用这个灶生火，可以烧水、做简单的饭菜。在外间，也就是堂屋，左右各有一个灶台，这两个灶台大一点，有两个火眼，在这里蒸馍、炒菜。卧室里和堂屋里的灶台，都有烟道通进炕里，天冷了可以热炕取暖。天不冷，插一条铁片到烟道，烟就不进火炕而改道进烟囱。烟囱砌在墙里，在屋面伸出一截。烟囱口上常有一座陶质的小房子，甚至是楼房，挡挡风雨，同时成了很好的装饰。天热了，在前檐两端的角落里生火做饭。吃饭就在里间炕上。教我们很觉得有趣的，是发现炕边墙上有一个铁环，用来拴婴儿。一条宽宽的红带子，一头绾在铁环上，一头缚住孩子的腰，孩子在炕上爬，就不会跌下炕去了。

外间的灶台旁边有一口水缸。后墙角有粮食缸、咸菜缸、碗柜之类。外间有几个月之久用作厨房，所以不大有南方住宅"堂屋"里那种多少有点儿神圣的气氛。它的西墙前，在柜子、桌子或者甚至就在灶台上，放四代先祖神主。把祖先神主放在西侧，又把正月的闹红火（即社火）叫作"祭西"，这个传统习俗的起因，现在谁也说不清楚，很可能和少数民族有点关系。神主和油瓶、盐罐、菜刀之类错错杂杂混在一起，不大受尊敬。可是外间的正面还有几分庄严，有很少数人家，仍然在那里放一张条桌，它前面是八仙桌和扶手椅，格局和南方的相似。条桌的上方，墙上有一个小小的龛，四五十厘米高，三十几厘米宽。有些人家，在龛前用木料做个建筑味的罩子、橱子之类的东西，强化它的地位，做得精巧、细致，也起装饰作用。龛里供奉的神仙菩萨，往往不止一个，五花八门什么样的都有。财神是家家必供，其余各有选择。总之都掌管世间要害事务，村民们有求于他的或者惹不起的。也有些人家，只在正面墙的左上角，高高挂一个财神龛，其他一切从简了。独尊财神，显然是这个商人村的老传统。

里间卧室里，靠后墙是一溜大立柜，通常六扇柜门，两两对开，对开的是一间，一共三间。山墙上大多有一个壁柜，是龛式的，外面装上柜门，顺墙也会有一个卧柜，四五十厘米高，一米多长，可以睡一个半大小子。炕上有炕单、炕头柜。这些家具都是成套的，造了房子就配齐。

厢房的里间也是卧室，火炕大多顺着山墙，叫顺山炕，只有少数是靠窗的前炕。炕头也有一个生火用方灶台。但外间没有大灶台。倒座一般不住人，用作仓库，堆放粮食、种子之类。人口少的人家，厢房也有作仓库用的。

所有的房间，都是墙裙刷纯黑色，以上刷白色。墙裙刷黑是为了防污。室内黑白对比强烈，显得很爽朗。

# 空间和时间

张壁村的住宅，有不少已经破坏，有些已经散乱，不大可能比较准确地统计出数字来。大致地说，大大小小算在一起，以院落计而不以当年的宅子计，龙街以西大约80个，以东大约将近50个。比较完整的三合院、四合院，街西有25个左右，街东大约有10个。土窑和土坯窑有6处，其中西场巷3处，贾家巷1处，靳家巷1处，小东巷1处，每处有1至4孔窑。

当地有一种习惯，就是把建房子的年月日和宅主的姓名写在正房明间檐枋底皮上或者院门字牌上。可惜有些已经看不清楚，有些因近年修葺而失去题字。我们努力辨认，发现最早的是小东巷五号，檐枋下题字为乾隆七年（1742）六月。大东巷二十四号院门字牌题"孚嘉"二字，纪年为乾隆丙申年（1776）。靳家巷十号，枋下题字为乾隆四十六年（1781）。大东巷十七号，枋下题字为乾隆四十九年（1784）。小东巷十号，内院门题字"宝善"，纪年为乾隆丙午年（1786）。西场巷十九号，院门字牌题"树德"，纪年乾隆己丑年（1769），但正房枋下题字为道光二十五年（1845），是贾田荣重建的。户家园巷北侧第二家，院门门头字牌题"积善"，纪年为乾隆甲寅，枋下题字为乾隆四十九年。贾家巷二十四号，檐枋下题字为乾隆五十三年（1788）。西场巷二十二号，枋下题字为嘉庆十年（1805）。村民传说，龙街以东比街西建得早，从这些住宅的建造年代看，或许两半部的建造差不多是同时的，至少可以说，在乾隆年间，两边的建造已经均衡。而且，乾隆年间显然是个住宅建设的高潮时期，也许，高质量的砖木结构住宅是从乾隆年间才大量建造的。

# 形而上者

　　要切实了解张壁村先人们的生活和思想，那已经很难了。地方志和相关文献上，矛盾很多。有的说，山西或介休"土瘠人稠，一年劳作所入，不敷数月之需"，有的说"地沃土肥，素称富邑"。说到民风，有的夸奖"俗尚俭啬，淳厚而谨愿"，有的则颇有微词："骄奢淫侈，言辞多饰。"写的时间不过前后脚。小小一个张壁村，如今还有二十来块记事石碑，所说的话也很有出入。《关帝庙重建碑记》诉苦道，"如我张壁者，居近南山，土薄民贫"（康熙五十年），为建造关帝庙的献殿，碑上说"愿亦久矣，止因财力不逮，迟缓延年"（乾隆五十六年），在《重修吕祖阁碑记》上，更说"余乡素非殷实"（光绪三年），其实这时候张壁村人在外地的钱庄、典当已经很多，远到淮扬和甘州。另一方面，早在明代天启六年的《重修可罕庙碑记》上，却夸耀张壁"土地肥润，人民稠密，诚南乡之巨擘也"。乾隆十一年的《本村重建二郎庙碑记》更说张壁村"近闻风鉴之至其地者，见其人民辐辏，物阜财丰，辄羡其为富庶之乡，而不复惜其形势之南高北低也"。照这些碑记来看，张壁村究竟是富还是贫，我们实在很困惑。这是二三百年前的事，暂时不去说它，就说说眼前的吧。龙街北端的两个涝池被填掉了，什么时候填的呢？有人说是1980年代末，有人说是1995年。这可是不到十年的新事！自从五十年前社会发生大变革之后，张壁村人一下子就由精明的商人变成了什么都不关心的只会在土地上刨食的农民了。村支书每天早晨气势汹汹地用广播向他们训一次话，他们就安分守己过一天。

要向他们了解张壁村的先人们的思想、信仰和愿望，那就更难了。我们只好从建筑上一点一滴地了解。但是，这里没有我们工作过的福建楼下村那样满墙洋洋洒洒的诗文，连门联、楹联和堂屋正墙上对联都没有。这是一个没有书香味的村子。

## 主流思想的地位

像别处一样，张壁村的住宅上也都有门额。这些文字，也和别处一样，无非是些祈求吉祥、标榜伦理价值观的短词，例如，宅门门头上，题目是"敦行""凝瑞""树德""澹宁""耕读""积善"。这些短词，显然都按传统习惯题写，当然会有比较浓的儒家色彩，并没有多少值得注意的真实含义。有题三个字的，如"景福增""庆有余"，都很坦率，想要什么就写什么。更有针对性的是张礼维的大宅。在它的府第式大门对面，有一堵影壁，正中写着一个直径足有两米的大"福"字，用的是一种我们在江南也常见的手法，笔画中带一点龙、鹤的象形，叫作"龙鹤福"，兼有"福、禄、寿"三方面的含义。大门门额上题的是"福寿康"三个字，很直白地涵盖了一个乡绅的全部生活理想，措辞没有一点委婉含蓄。大门对面，影壁东侧，书房院的砖门上，题了"书田阅世"四个字，头巾气重一点，但读书是为了知世，并不着重科甲功名。商人们惯于在商海中浮沉，"经历""监生""从九"等名号，都可以凭捐纳得到，自然并不在乎科甲功名，最引起我们注意的是从外宅进里宅的那道腰门，门额上题的是"正家风"。"凶宅"也在这道腰门上题"正家风"三个字。这三个字写在这个位置上，无疑主要说的是严分内外，也便是严"男女之大防"。在那个男性中心的社会里，这便意味着禁锢妇女。家风是正还是不正，只决定于妇女是不是恪守妇道，这是大户人家家庭伦理价值的中心。商人们长年远出，按规定三年回家一次，"家风"的纯正尤其挂在心上。张礼维虽然家居的时间多，这种观念作为一种文化因素，便也上了他家的门头。

住宅的小木作装修很精致，雕饰题材主要是"寿"和"喜"两个字，偶然见到暗八仙。我们只找到一例，在窗子的上花板里刻几组博古，其中一组是函书，"凶宅"的炕围画有一套"琴棋书画"。晋商轻视读书，连雍正皇帝都知道，和南方农村住宅里大量充满了书卷气的"琴棋书画""笔墨纸砚"之类题材的雕饰相比，非常触目。张壁村的建筑装饰题材，既没有我们工作过的浙江省诸葛村那样堂而皇之地普遍使用"聚宝盆""蝙蝠衔钱""刘海戏金蟾"那样张扬的市民意识，也没有保持住纯农业村落耕读文化的理想。

## 泛神崇拜

张壁村的泛神崇拜，在它的南门和北门庙宇群里已经充分表现，这和全中国是一样的。不过，这种崇拜马马虎虎地引进到住宅里来，别处倒也并不多见。

在我们过去工作过的南方村落里，堂屋大致可以说是一个具体而微的宗祠，它在一个家庭范围里起着宗祠的基本作用。在福建省的楼下村和江西省的流坑村，堂屋里也供奉各路神祇，不过"强龙压不倒地头蛇"，有关家族的事务，世俗的或者祭祀的，都占主导地位。中堂对联等等也都讲祖德，讲修身。在张壁村，堂屋主要是作为厨房，祖先神主不知由于什么原因一律放在西侧，和各种杂物混在一起，并没有香炉烛台，很缺乏庄严性。堂屋的正面，过去虽然也大多有条案、八仙桌的陈设，但现在神龛并非家家都有，神龛外附加细木罩或细木橱的，屈指可数，偶然见到一个，都会使我们兴奋不已。至于神龛里供奉什么神灵，房主人似乎并不在意，随随便便。户家园巷北侧第二家，龛里红纸条上写着五位神号，居中是关圣帝君老爷，以下依昭穆次序是观音菩萨老爷、皂君老爷、鲁班老爷和福禄财神老爷。关圣帝君是山西老乡，而且

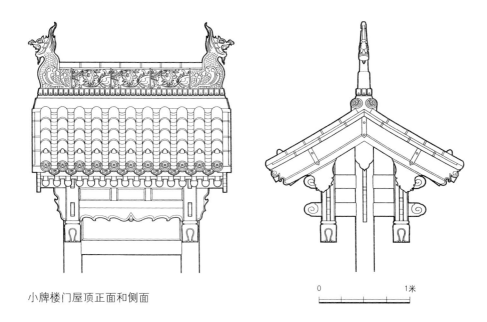

小牌楼门屋顶正面和侧面

0　　　　　　1米

什么事都管，所以不妨以他为首。皂君大约是灶君的误写。供上鲁班老
爷，是因为户主王永秀是位建筑工人，泥匠，把行业祖师供上，也属理
所当然。财神本是家家都要供的，这家把他放在次要地位，不大尊敬，
不过关圣大帝在山西被奉为武财神，替代赵公元帅，有了他，便也可以
了。这些供着、敬着的，都是用得着的，讲求实用主义的农民们，奉行
的是互利原则。

　　靳家巷七号，堂屋正中神龛很精致，顶上有一块横匾，刻的是"云
中瑞"三个字。左右有红纸条写的小小一副对联，粘在墙上，写的是
"日月丽天岁大丰；鹤鹿同春人长寿"，没有错别字，对仗也还工整，
在张壁算得上少见的了。神龛里只供一位神，便是财神。

　　绝大多数人家，在院门门道的侧墙上，或者在迎门的照壁上，现
在还都有一个小小的砖神龛，高大约四十厘米，宽大约三十厘米，做成
庙堂的样子，有的甚至歇山重檐，斗栱吻兽，下面须弥座雕刻也颇为
细巧。这个龛专门是供奉土地老爷的，没有例外，就叫作土地堂。不过
有时候也有天地神或三官大帝寄寓在里面。这种土地堂常有一副红纸对
联，千篇一律写着"土能生万物，地里产黄金"，显然是现在什么人撰

写又流传开来的，很拙劣。

其实天地爷的正经位置应该在正房明间窑洞外的左边，常常有一副对子，写的是"天高悬日月，地厚载山川"，比土地堂的对子通顺一点。

因为农业劳作多借助于骡马，所以农户都供奉马王爷。没有神龛，没有香案，大多是在西厢房明间左手檐柱上贴一张红纸，写上"马王老爷之神位"便可以了。有些人家也贴一张"羊圈神之位"或"羊王之位"，因为这地区习惯养羊远多于养猪。靳家巷十二号是三间朝南土窑，正中一孔窑洞门外，左右各有一个小小的龛，东边的是马王老爷之神位，西边的是财神，以马王对称财神，可见农民还是很讲求实际的，这间马王爷神龛里有一副对子，写的是"日行千里路，夜走八百里"，也很拙劣老套。小东巷梁宅的院门左右同样各有一个神龛，东边是门神，西边是财神。不论搭档怎样变换，财神的地位是不可替代的。1993年5月清华大学硕士研究生邹颖在学位论文里记载，与巷口相对的墙面上常有"泰山石敢当"，我们去的时候，只见到小东巷对面龙街西侧的墙上还剩下一块。她又写道："路口墙面上有时会有五道爷神龛，供村民祭鬼。"可惜我们去晚了，这些都已经没有了。

郑广根先生告诉我们，每逢旧历新年、端午、中秋、冬至四大节，家家要祭祀七位神，他们是土地、财神、灶王、马王、门神、观音和大仙，有的人家多祭一位禄神，便一共是八位。点一盏油灯代蜡烛，放一盘供品，烧黄表纸。点七或八炷香，每炷三根，叩三个头。另外，各路神仙的生日也要专门祭拜，如三月二十是子孙娘娘生日，五月十三是关公生日，财神的生日是九月十七。

祭神敬鬼是"宁可信其有，不敢信其无"的传统风俗，现在看来并不很认真。拜祖宗也有点应付，谈不上孝道。家家户户，不论穷富，现在最引我们注意的是室内墙上一排排、一行行贴着的半裸体大美人像，鲜艳的彩色印刷品，多数是前几年的月份牌，大尺寸的。我们到南庄村去访问，80岁的张英老先生，独自住一个三合院，竟在正房的檐口下，满满地挂了三十来张美人像，从东头一直到西头，一幅接一幅，没有空隙，真说得上洋洋大观。那位1947年带头挖尹泰宗的坟，后来又炸掉坟前石牌楼的69岁的张守元，也在家里贴满了搔首弄姿的大美人，虽然当年土地改革的时候他曾经亲手枪杀了几个地主，心头很硬，手头很凶。这些美人像确实给沉闷昏暗的住家带来了欢快的亮色和生气。她们倚着柔软的弹簧床，靠着豪华的小轿车，背后是崭新的别墅，这些，在村民们看来，也是一种值得羡慕的生活。比起捉摸不住的神佛仙灵来，美人们就实得多了。她们是幸福生活的榜样，所以村民们觉得贴她们的像显得喜兴。

## 风水堪舆

张壁村人不但在村落的整体布局上重视风水，为了避免南高北低的地形"直泻无余"，造了二郎庙又造真武庙，他们在造住宅的时候也重视风水。山西有一首民谣唱道："未曾动土请阴阳，阴阳好比诸葛亮……上了房子观四方，前面阳关道，后边卧龙冈，左边青龙戏水塘，右边白虎卧山冈。"阴阳就是风水先生，造房子之前要请他来选择有利的房基和朝向。张壁村的房子除了极少量的之外，都坐北向南，也就都是"坎宅"。风水经典之一的《相宅经纂》说："宅之吉凶全在大门……宅之受气于门，犹人之受气于口，故大门名曰气口。"坎宅有三个好朝向，就是离（南）、巽（东南）和震（东）。所以坎宅的大门以在南、东和东南为好。张壁村的房子多开南门或东南门。东南门虽有开在东墙的，以开在南墙的居多。东南门进宅比南门更多一个弯，多一道屏障。南门堂堂正正，像官府、庙宇，没有身份地位的人"压不住"，反倒不利。我们见到的在南面正中设宅门的，除了张家祠堂、贾家祠堂之外，只有"石福院"，但它在门前有一个小院，院门在东边。贾家祠堂前也有同样一个前院。

又因为坎宅的东边是吉向，所以东厢房比西厢房要高一点，以充分获得吉气。同时也有"青龙压白虎"的意思。

坎宅以西南坤位为不吉，所以把厕所放在西南角。

宅院的出水口大多在院门的右侧，水出来后，要绕到左侧，向东南流去，这叫"绕门水"，也是为了教"去水有情"，利于发家。大户人家，里宅院中不挖菜窖，小户人家，在南墙根挖菜窖。菜窖和井一样，都会"下漏"，把"气"漏掉。小户人家没有地方，只好在宅院里挖，尽量靠南，离房子远一点。大户人家挖在场院里。井都挖在户外，公用，设辘轳，覆小屋，有专人管理。石碾也不能安在院子里，只能安在院门外白虎位，而且要供大家用。

正房顶上有吉星楼。吉星楼就是姜太公给老百姓看家护院住的小屋，用砖做，只有大约40厘米高，30厘米宽，形状像神龛。吉星楼的位置随房子的朝向和大门的位置决定，可在中央或左或右，坎宅巽门，吉星在正中。

## 礼俗

我们每做一个调研工作，都希望能看到一些和建筑、聚落有关的传统礼俗，可惜现在已经很不容易有这样的机会。在张壁村期间，一天，同时有两家娶亲，一家在大东巷东端，一家在北门外，都是新房子。北门外的那家，仪式很现代化。我们赶到西北五里外西宋壁村的新娘家里，新娘家显然很不富裕，房子小而简陋。场院里搭了席棚，摆了十桌酒席，高朋满座，新娘浓妆艳抹，坐在第三桌吃喝，不时起来指指点点，说说道道。我们看不到什么有意思的情节，就到村里村外看看，抄抄碑。回来的时候遇到迎亲的队伍进村，零零落落，只有两个小孩子扛着红旗。大东巷的那家，上午九点多钟发轿到南庄村迎新娘，轿子绿缎绣幔，仪仗执事一应俱全。下午三点多钟，我们到新郎家等新娘，场院里也已经搭好了席棚，摆好了桌椅，几口大锅冒着热气，肉香很浓。轿子快要到了，新郎穿上西服，戴一顶呢子帽，在堂屋正中，站到覆着的一个斗上，左手握一把铁锨，右手放在弟弟的头顶，弟弟也着新衣，站得挺直，婶娘用小杯子喂了新郎一口酒，说几句祝福话："手扶铁锹，越过越强。站在斗上，越过越有。手扶兄弟，代代兴盛。"

迎亲队伍回到，新娘在院门口下轿，大红礼服，凤冠霞帔，盖头面纱，珠翠满身。左右有傧相搀扶。前面一位老人拿着两块红垫子往新娘脚前放一块，她就迈一步踩上，再放一块，再迈一步踩上，再放一块，再迈一步踩上，两块垫子轮流从她的脚下抽出来，又放下。如此慢慢一步步往里走。这种用垫子接引的走法所讨的吉利是"一代接一代"，因为垫子其实是个袋子。袋谐音代，一代接一代，结婚的目的十分清楚，就是生孩子。和"福寿康""庆有余"之类的门额题字一样，简单而直率，并没有半点忸怩作态。倒也好。

新娘子走到堂屋门外，新郎出门，并肩向南拜天地，向北拜祖先。然后拜各位年长的亲人，受拜的人备好了红包，一拜就给。这边还在拜着，那边就开席了。不过新人不坐席，进里屋上炕，新郎来掀去盖头面纱，伴娘帮她脱去红皮鞋，她就老老实实盘腿坐着，不言不语，偶然露出笑容。新郎则在席面上招呼。

看看也不像会有什么场面了，我们就撤了出来。

这婚礼也不很正规，郑广根先生说，因为女方母亲早已去世，后母待新娘不好，不到法定婚龄便把她嫁了出去，才17岁呢！嫁妆当然也不丰盛，不过聘金也少，新郎家划得来。我们问过新郎的婶娘，结这个婚要花费多少钱，她回答说大约4万元。在当地，造一座一百多平方米的平房，只要4万元左右。这个不很正规的婚礼也够隆重的了。

第二天，北门外新住宅区里有一家给儿子做周岁，也是在院子里搭棚子摆酒席。我们去看热闹，有一个乐队在演出，有唢呐、胡琴、小板鼓之类，原来就是昨天在绿缎轿子前去迎亲的那几位。拉胡琴的老苏师傅，住在户家园，给我们讲过些古建筑上的事，都是些技术细节，不便写在这本书里，只记下他说的：屋脊两头的吻，都是兽头，而且和别处的不同，都朝向外侧，这叫作"姐妹两个一条线，出嫁以后不见面"。头天刚刚有两位女子出嫁，不知娘家姐姐还见不见面。

# 后记

我们每到一个地方，着手新的课题，满眼惊奇，心里都充溢着强烈的感情，非常激动。可惜，当我们回来，从广阔的原野回到狭窄的书斋，一笔一画制图，一字一句写作的时候，我们不得不冷静下来。浪漫的激情换成了理性的推敲，沉闷的咀嚼代替了新鲜的发现。到课题研究告一段落，工作的兴奋甚至快乐早被尺寸大小、年代先后和一大堆参考书折磨完了。

有人说，最舒畅的时刻是写后记，就像收割完了的农人面对饱满的谷粒，欣赏自己劳作的成功。而我们在写后记的时候，却没有满意的成就感，反而往往感到失落：我们的谷粒为什么那么干瘪，当时在我们心中汹涌激荡过的诗意到哪里去了？我们应该另外有一支笔，来写我们一步步进村的欣喜、一点点发现的快乐和一层层认识的陶醉。遗憾的是我们没有这样的笔，能使读者也和我们一样激动的笔。

从张壁村回来，开始了室内工作，我们的生活和思想照例枯燥起来。不过，这次和过去不一样，写作期间还有一点感动，应该在后记留下一笔。

张壁村在清代曾经是介休南乡一个比较富裕的村子。自从晋商衰落以后，它也衰落了。半个世纪以来，绵山朝圣活动没有了，新式的交通线撇开了它，它更成了一个偏僻的地方。过去多少代晋商轻视文化教育的后果这时显露了出来，它便由衰落进而变为颓败，冷冷地埋没在黄土塬上。秋风劲了，软软地冒出的几缕白烟，把村子罩得朦朦胧胧，田野早就没有人了，却见两个女孩子，背着小小的行囊，踩着几寸厚的浮土，走进了张壁村的北门。她们便是清华大学建筑系的硕士研究生邹颖和舒楠。她们并不认识村里的什么人，只听人说起过有这样一个古堡式的村子，就一路打听着，自己摸到村里来了。那是1992年。我们打开邹颖的学位论文《晋中南四合院及其村落形态研究》，心里不觉一跳，几张照片，复印得模模糊糊，但还看得出，关帝庙大殿的屋顶上长着杂草，献殿塌了屋角，院子里野树丛生。西场巷口的凝秀门，墙头剥蚀不堪，长满了刺槐。永春楼、可罕庙的戏台、南门上的西方圣境殿和可罕庙里大台阶上的垂花门，也都是同样破败荒凉。这是一个几乎废弃了的村子。那时候，滚滚的黄金大潮已经淹没了整个建筑界，包括学校里的教师和学生。坐在教室里或者宿舍里，在轻柔的音乐声中，做几个方案，画几张渲染，成扎的钞票轻易可得。但这两位女孩子，却在这小小的山村里住下来调查、测绘、摄影。邹颖的导师说，这女孩子对民居研究很有兴趣，我们理解，这是一种超越个人利益之外的兴趣。这是一种无私的爱，对普通百姓的文化创造成果的爱，因为这些成果里不但有他们的聪明和技巧，他们的审美能力，还有他们的现实生活，他们的理想和愿望，还有我们这个民族的历史记忆。

写到这里，我们向舒楠问了一些情况，她找出当年的笔记本来说，当年她和邹颖住在二郎庙的窑洞里，没有电灯，晚上燃一支烛，窗子没有遮拦，全敞着，窗外没昼没夜都有一个疯子乱唱些什么。一位大婶给她们一天煮两次面条，没有油，没有菜，只放几粒盐。到下午饿得受不了，在小店里买一角钱一袋的葵花子嗑。有一天，到了一家住宅去测绘，院子里没有人，静悄悄的，她们觉得工作很方便，干得很高兴。到了最后，想进屋看看，撩起白布门帘进去，吓得叫了起来：哎唷，床上躺着个死人呐。那时候，关帝庙里还是牛棚，草料堆满了献殿和大殿，为了看碑，要把大堆草料搬开。两个女孩子在张壁工作了整整五天，离

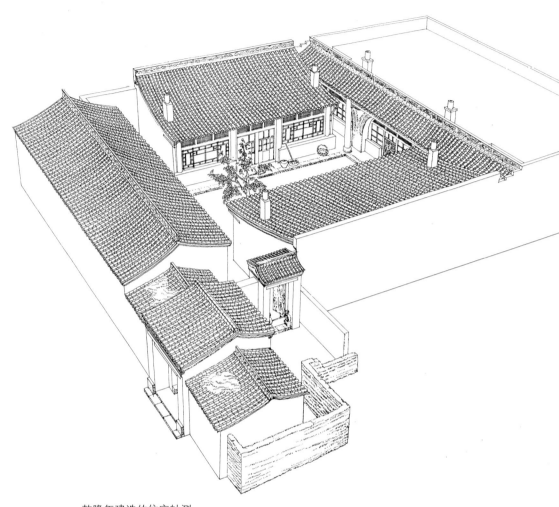

乾隆年建造的住宅轴测

开张壁村，累得不得了，在介休去洪洞的长途汽车上，没有占到座位，站着就睡着了，半路上被小流氓骚扰，两个人壮起胆子，跟小流氓大闹了一场。

七八年过去了，我们到张壁去的时候，几处庙宇都已经修缮过了，收拾得干干净净，龙街上每天大早都有父子俩扫一遍，显得挺美气。

我们赞赏邹颖和舒楠的见识和精神，有这样的青年，我们就不会泯灭希望。我们也佩服她们的勇气和胆量。不过，老实说，我们也觉得她们当年过于鲁莽了，直到今天，女孩子家孤零零去这样一个陌生又荒僻的村子，还不敢说是充分安全的。

继她们之后的是赖德霖博士。1995年他开始做张壁村乡土建筑研究，他去过好几次，有几次带王川和姜涌一起去，帮他一点忙。1998年秋天我们一进村，就不断听到村民说，有个姓赖的年轻人来过，很和气，跟大家都说得来，也很努力，天天晚上都工作到半夜。郑广根先生家里，挂着他坐在炕上和郑先生一起喝酒吃黄米糕的照片。我们是带着他写的文稿去的，那后面附了张壁村全部现存碑刻的全文，我们只做了校核、修正和补充，省了许多时间。他也抄录了附近西宋壁村和东宋壁村的石碑，我们去校核的时候，有一块费了很大气力才找到，连坐在离碑不过三十来米晒太阳的老人们都不知道。他甚至跑到几十里路外的兴地村抄了几块碑，我们没有能抽时间去校核。他探明了村子南缘的地道，画了平面图和一些段落的剖面图。这工作很不容易，我们也没有校核。回到学校，我们打开他留下来的两个大笔记本，那里面有好几幅附近几个村子的寨子圈的平面图和剖面图。他为收集资料所跑到的范围很大。笔记本里有不少庙宇脊檩下题字的记录，这些我们虽然都见到了，但是，他记录的空王殿屋脊正中"三山聚顶"的两块琉璃碑上的题字，我们因为爬不上屋顶，没有看清，不知他想了什么办法。他留下了一千张左右的照片，有一些照得很好，其中有张氏家谱的照片，那是张勋举先生专门拿给他看的。我们这次没有麻烦勋举先生再打开收藏家谱的箱子，就因为知道已经有了赖博士的照片。在笔记本里，赖博士还抄录了北京图书馆、山西省图书馆、山西大学图书馆和清华大学图书馆里全部有关山西省的书籍的目录。

赖德霖博士搜集史料的勤奋和细致，很使我们感动。他独自一个人在那样的地方工作，需要有多强的坚韧性和意志力。我们在那个黄土沟壑地带东奔西跑，往往一两个钟头遇不见人，想起赖博士来，真觉得难为他了。他默默做了这么多的工作，因为要到美国去深造而没有完成这个课题的研究，太可惜了。在离开祖国之前，他写了一篇短短的千字文，标题是"我想当学者"，我们祝愿他在明师的指导下能够达到这个很有意义的目标，同时也希望他不要忘记张壁村和千千万万有很高历史文化价值的村子，更希望他不要忘记热情接待过他的张壁村的乡亲们和同样会热情接待他的千千万万的村子里的乡亲们。

和我们一起在张壁村工作的是邓旻嶣、傅昕、唐钧、陈寒凝、尚世睿和周宇平六位同学。他们主动，认真，负责任，兴致高昂地工作，使我们的整个工作变得既有效率又充满了乐趣。

这次张壁村的工作，由陈志华负责整体设计并撰写全部文字，楼庆西负责摄影和指导学生的工作，并给他们讲课，李秋香负责调查和指导学生，也拍摄照片。我们参考了赖德霖博士的文稿，采用了他的一些照片，使用了他收集的部分史料。